HISTOIRE

de l'introduction et de la propagation

DES MÉRINOS EN FRANCE.

HISTOIRE

DE L'INTRODUCTION ET DE LA PROPAGATION

DES MÉRINOS

EN FRANCE;

OUVRAGE POSTHUME

DE M. TESSIER,

Inspecteur général des Bergeries royales, Membre de la Société royale et centrale d'agriculture, de l'Institut royal de France (Académie des sciences), de l'Académie royale de médecine, etc., et Chevalier des ordres de Saint-Michel et de la Légion d'honneur.

———

Imprimée par ordre de la Société royale et centrale d'agriculture, dans le recueil de ses Mémoires pour l'année 1838.

PARIS,

IMPRIMERIE DE L. BOUCHARD-HUZARD,

RUE DE L'ÉPERON, 7.

———

1839.

TESSIER,

Né le 16 octobre 1741. — Mort le 11 décembre 1837

AVANT-PROPOS.

M. Tessier était arrivé à sa 95ᵉ année lorsqu'il
rédigeait le travail qu'on va lire et qui est tout entier de son écriture. La Société royale et centrale
d'agriculture, à laquelle M. Tessier a bien voulu en
faire hommage, en a ordonné l'impression. C'est un
dernier gage de l'utile et longue collaboration de
l'un des hommes qui l'ont surtout honorée par leur
savoir, leur amour pour le travail, leur bonne foi
scientifique et leur dévouement au pays.

« L'ouvrage que j'offre aujourd'hui au public,
« écrivait M. Tessier bien peu de mois avant sa
« mort, peut avoir quelque intérêt. J'ai cru devoir
« m'en occuper afin de constater un fait impor-
« tant, puisqu'il est relatif à l'amélioration de nos
« troupeaux. Il m'a paru utile de faire connaître
« l'origine d'une telle entreprise, les moyens qui
« ont été employés et les effets qui en résultèrent.
« Me voyant sur la fin de ma longue carrière, j'ai
« cru devoir rappeler comment on s'y est pris pour
« conduire cette entreprise : *cujus pars magna fui.*
« C'est un simple historique qui aura le mérite
« d'une scrupuleuse exactitude. J'aurai soin, dans
« le récit des faits, de rendre justice à toutes les

« personnes qui ont le plus contribué à cette bonne
« œuvre. Si j'omets les noms de quelques-unes, ce
« sera, ou parce que ma mémoire ne me les rap-
« pellera pas, ou parce que je n'aurai jamais su la
« part d'influence qu'elles ont exercée dans le suc-
« cès. Le motif principal qui m'a dicté cet écrit,
« c'est que nul ne pouvait rapporter, avec autant
« de détails que moi, ce qui s'est passé, parce que
« nul ne s'est trouvé dans les mêmes circons-
« tances..... »

Nous n'ajouterons rien à ce simple exposé, sinon que l'auteur, lorsque la mort est venue l'enle-
ver, songeait à compléter son ouvrage de recherches, tant sur l'état actuel de la propagation du
mérinos de race pure et les progrès du métissage
dans nos divers départements que sur l'influence
que l'introduction de cette race précieuse a exercée
sur notre agriculture et sur une branche importante
de notre économie industrielle. Quelques pages
écrites à très-peu près sous sa dictée, quelques
notes originales conservées avec soin dans les ar-
chives de la Société, mais qui n'ont aucun caractère
d'ensemble, sont malheureusement les seuls éléments de cette seconde partie d'un travail que Tessier voulait léguer complet à la France, comme un
nouveau témoignage et comme un dernier souvenir de son dévouement pour elle.

HISTOIRE

DE L'INTRODUCTION ET DE LA PROPAGATION

DES MÉRINOS EN FRANCE.

Un ministre dont le nom restera longtemps dans l'esprit des Français, à cause de son zèle éclairé pour la prospérité de son pays, Colbert, touché de ce que nos troupeaux ne nous fournissaient pas assez de laine et surtout de ce que nous tirions de l'étranger toute celle qu'il nous eût fallu produire nous-mêmes pour fabriquer de belles étoffes, conçut l'utile projet de changer cet état de choses et de nous affranchir d'un tribut que nous étions forcés de payer à d'autres nations. Il paraît que quelques tentatives furent faites de son vivant; mais on n'en connaît ni les époques, ni les détails, ni les résultats. Daniel-Charles de Trudaine, intendant des finances, et son fils, excellents administrateurs, frappés de l'idée de ce grand ministre, s'occupèrent des moyens de la mettre à profit. Ils crurent pour cela devoir s'adresser à la science; ils la consultèrent dans la personne de Daubenton, ami du célèbre Buffon et professeur d'histoire naturelle au Jardin du Roi, à Paris. Ce savant, partageant leur espoir, se chargea, en 1766, sur leur invitation, des recherches et des expériences qui pouvaient conduire à un tel but. Personne n'en était plus capable : pendant vingt ans, il avait fait des observations sur la conformation des animaux. Ainsi l'origine d'une des industries qui ont eu le plus de succès date de soixante-sept ans.

Daubenton, persuadé que l'état de la laine dépendait de la santé de l'animal, étudia tout ce qui pouvait contribuer à la donner et à l'entretenir ; dès lors il s'occupa de la manière de loger les troupeaux, de les nourrir et de les traiter en maladies. Se proposant non-seulement le perfectionnement des laines qui avaient quelque qualité, mais encore l'amélioration des plus grossières, il se procura des bêtes de Maroc, du Tibet, d'Angleterre, de Flandre, du Roussillon et d'autres parties de la France. Il allia ces diverses races entre elles, dans des expériences qu'il fit à Montbard, en Bourgogne, où il avait une propriété à côté de celle de Buffon ; expériences bien combinées et aussi concluantes qu'elles pouvaient l'être. Il en rendit compte à l'Académie des sciences par un mémoire qu'il y lut en 1786.

Un examen attentif des laines, de plusieurs sortes, employées dans nos manufactures, lui a donné la facilité d'en établir sept classes, à compter de la superfine jusqu'à celle qu'il nomma *gros poil* ou *jarre* : c'est à l'aide du microscope qu'il a formé cette classification.

(5)

Pour que le public pût jouir de ses intéressantes recherches, M. Daubenton fit un bien bon ouvrage, composé de quinze leçons, par demandes et par réponses, qu'il destina à l'instruction des bergers, et qu'il accompagna de vingt-deux figures. Cet ouvrage, très-favorablement accueilli, eut plusieurs éditions (1).

L'effet que produisirent les travaux du célèbre naturaliste fut d'éveiller les esprits sur les avantages qu'il y aurait à suivre l'impulsion qu'il donnait. Jusqu'alors les possesseurs de la plupart des troupeaux en France ne livraient à nos fabriques qu'une laine grossière. Peu de pays, si l'on en excepte le Roussillon, le Berri, la Sologne, les Ardennes, en fournissaient de médiocre qualité. On sentit que, d'après ce qu'avait obtenu Daubenton, par des alliances et des choix dans les races communes, on arriverait plus sûrement à un perfectionnement remarquable, si, pour des croisements, on employait une race fine, telle que celle d'Espagne. Beaucoup de propriétaires eurent cette pensée. Le premier dont j'aie eu connaissance est M. de la Tour d'Aigues, premier président au parlement d'Aix en Provence.

Il chercha à plusieurs reprises les moyens d'extraire d'Espagne des mérinos. Mais cette race n'exis-

____

(1) *Instructions pour les bergers et pour les propriétaires de troupeaux*, par Daubenton; in-8°. — Les dernières éditions sont publiées avec des notes par J.-B. Huzard.

tant pas seule dans le pays, on le trompa une première et une seconde fois. Enfin, cependant, grâce à sa persévérance, il obtint et acquit douze brebis et deux béliers des meilleures cavagnes, à laine très-belle, mais qu'il eut d'autant plus de peine à faire arriver en Provence, après plus de six mois de voyage tant par terre que par mer, qu'aucun vaisseau ne voulait s'en charger, les regardant comme un objet de contrebande. Il en prit beaucoup de soin, et ses laines ont été recherchées. On lit le compte qu'il rendit de sa belle entreprise dans les mémoires de l'ancienne Société d'agriculture de Paris, trimestre d'été, année 1787.

Je ne sais si cette tentative, faite dans un lieu éloigné de la capitale, s'est soutenue longtemps, et si on en a profité dans la Provence, où l'on élève tant de bêtes à laine. Je passe à une autre importation plus considérable.

M. de Barbançois, brigadier des armées du roi, propriétaire dans le Berri, où il avait une terre appelée Villegongis, sachant que les béliers et brebis mérinos d'Espagne avaient été très-avantageusement introduits en Suède, pensa que son pays serait encore plus propre à en recevoir et à les faire prospérer, la race indigène y ayant déjà un certain degré de finesse. Il obtint, en 1768, de madame d'Etigny, trois béliers, qu'il mit à la monte avec des femelles de son troupeau. Les laines qui en résultèrent passèrent ses espérances. Des manufacturiers de Châteauroux, Elbeuf et

Louviers les trouvèrent égales à celles d'Espague et en firent de beaux draps. Ces essais furent mis sous les yeux de M. Turgot, contrôleur général des finances, l'un des ministres qui aient su le mieux apprécier le mérite d'une tentative, et dont les vues d'utilité publique n'ont jamais été contestées. Aussi fit-il venir d'Espagne, en 1776, deux cents bêtes à laine, béliers et brebis compris. Ils furent distribués entre M. de Trudaine, intendant des finances, qui les plaça dans sa terre de Montigny en Brie, M. de Barbançois, M. Daubenton et M. Dupin. M. de Barbançois eut pour sa part quarante mères et six béliers, qui arrivèrent à Villegongis en 1777. Dans la suite, il y joignit quelques béliers de Rambouillet. De ces animaux et de ceux du pays il composa deux troupeaux, un de race pure et l'autre de métis. Cette distinction a-t-elle continué? je ne puis l'assurer; ce qu'il y a de certain, c'est que ses enfants conservent encore aujourd'hui un troupeau qui a de la réputation. Au reste, ces détails (1) m'ont paru d'autant plus dignes de confiance, qu'ils ont été donnés par M. le duc de Charost, administrateur zélé des hospices de Paris, homme auquel les arts, les sciences et l'humanité ont de grandes obligations. On aurait pu dire de lui qu'il était identifié avec l'amour du bien.

---

(1) On les trouve au trimestre d'automne de 1791, de la Société d'agriculture de Paris.

M. de Trudaine plaça sa portion de l'importation dans sa terre en Bourgogne.

Celle de M. Daubenton lui servit à Montbard, pour ses expériences.

Je n'ai pas su ce qu'était devenue celle de M. Dupin.

Les importations de M. de la Tour d'Aigues et de M. Turgot semblent être le prélude de toutes celles dont il va être question.

C'est en 1785 que Louis XVI acheta de M. de Penthièvre le château, le parc et les bois de Rambouillet, comme domaine privé. On y construisit une ferme, pour faire, sous ses yeux, les expériences d'agriculture qui paraîtraient utiles. M. le comte d'Angivilliers, ami de Daubenton, son confrère et le mien à l'Académie des sciences, fut nommé gouverneur de ce domaine. Doué d'un excellent esprit et attaché au roi, il lui avait conseillé cet établissement, auquel il était assuré qu'il prendrait un intérêt qui ne pouvait manquer d'exercer une haute influence sur l'une des branches les plus importantes de la prospérité publique. J'étais alors occupé en Beauce, dans la terre d'Andonville (1), à des recherches sur différents points de l'économie rurale. M. d'Angivilliers proposa au roi de m'appeler à Rambouillet, pour y faire, sous ses yeux les expériences que j'imaginerais. La ferme était à peine construite que je donnai l'avis de la peupler

____

(1) Cette terre appartenait à M. Goislard, conseiller de grand'chambre au parlement de Paris

d'animaux de choix. Je signalai surtout les mérinos, qu'il n'était pas permis de faire sortir d'Espagne, mais j'étais persuadé que le souverain de ce pays ne refuserait pas à son cousin la liberté d'en extraire. En effet, Louis XVI lui écrivit de sa main, et l'acquisition de trois cent quatre-vingts bêtes s'y fit avec facilité dans les cavagnes les plus distinguées ; M. de la Vauguyon, alors notre ambassadeur en Espagne, dirigea l'opération. Le troupeau partit au mois de mai 1786, sous la conduite d'un majoral (1) et de quatre bergers, il arriva à Rambouillet au commencement d'octobre, n'étant diminué que de seize bêtes qui étaient mortes en chemin. Je m'y trouvai pour le recevoir, l'examiner et indiquer comment on devait le soigner.

Il est à observer ici qu'il n'y avait pas de bâtiments pour loger ces animaux, M. d'Angivilliers étant convaincu, d'après ses conversations avec M. Daubenton et un mémoire que ce savant avait publié, que les bêtes à laine ne se portaient jamais aussi bien que quand on les tenait en plein air, nuit et jour, et par les temps les plus rigoureux. Lors de la construction de la ferme, on n'y avait pas fait faire de bergeries, afin d'éviter qu'on ne fût tenté de les y renfermer. Le troupeau fut donc obligé de coucher dans le parc, où il était entouré, comme en Espagne, d'un filet de sparte, et gardé

----

(1) On donne, en Espagne, ce nom à un chef de bergers. qui a la surveillance et la direction de plusieurs troupeaux.

par de gros chiens ; les bergers avaient dressé auprès une tente légère pour s'y reposer. Les choses allèrent assez bien jusqu'au temps où les gelées blanches parurent ; les bergers espagnols, s'en trouvant incommodés , se plaignirent et demandèrent que les animaux et eux fussent mis à couvert pendant les nuits. On ne les écouta pas d'abord , mais on finit cependant par leur accorder ce qu'ils désiraient. Les animaux furent placés dans des granges spacieuses, où ils avaient assez d'air pour respirer. Sans cette précaution, on en aurait beaucoup perdu : elle fut d'autant plus utile que l'assertion de M. Daubenton était fondée sur une tromperie de son berger, qui , pendant le séjour d'hiver de son maître à Paris , renfermait , par pitié, dans cette saison , ses brebis et ses béliers , et lui laissait croire qu'il les tenait toujours dehors. Ce fait, qui m'a été attesté d'une manière à n'en pas douter , s'est trouvé confirmé par des expériences particulières auxquelles je me suis livré. Depuis ce temps, on a établi à Rambouillet de véritables bergeries sur de bons principes.

Les excès et les extrêmes, qui , le plus ordinairement, deviennent nuisibles , sont quelquefois utiles , parce qu'ils font ouvrir les yeux sur des inconvénients auxquels on n'aurait pas pensé , et parce qu'on peut en profiter pour les éviter. Des gens sensés tirèrent de l'erreur de M. Daubenton la conséquence que, sans exposer les bêtes à laine à toutes les injures de l'air , il fallait leur procurer des abris , c'est-à-dire des bergeries bien aérées, et non, comme on le fait dans beaucoup d'endroits, des locaux étroits , bas et échauffés par le fumier, et le grand nombre d'individus qu'on y entasse : à quelque chose erreur peut donc être bonne.

Pendant le trajet en Espagne et en France, le troupeau du roi gagna le claveau; il est probable que ce fut sur notre territoire et peu loin de Rambouillet, puisque cette maladie se déclara aussitôt son arrivée. On approchait de l'hiver, saison où l'éruption est la plus dangereuse, parce qu'elle se fait plus difficilement. J'étais de retour à Paris. Informé de cet événement, je me rendis à Rambouillet, où je trouvai beaucoup de bêtes attaquées parmi les brebis et les agneaux. J'avais des bergers espagnols une opinion très-avantageuse; cette circonstance m'en fit rabattre. Ils laissaient les bêtes mourantes avec celles qui étaient en bonne santé; les peaux mêmes des mortes n'étaient point ôtées des bergeries. Je me vis obligé de former une infirmerie, d'établir des séparations et d'employer des moyens hygiéniques. Le soin de cette infirmerie fut confié à des bergers français. L'épizootie suivit son cours, la mortalité diminuant toujours, à raison des précautions. Il périt plus d'agneaux que d'adultes, ce qui n'est point étonnant, car ils n'étaient pas sevrés; leurs mères avaient peu de lait, et ils ne pouvaient teter à cause des boutons dont leur bouche était tapissée, de sorte qu'ils mouraient plutôt de faim que de la maladie.

Ce n'était pas comme objets de curiosité et pour former une ménagerie propre à amuser le public que j'avais conseillé au roi de faire venir un troupeau de mérinos, mais bien dans l'intention de créer une pépinière d'animaux précieux, pour les multiplier et les répandre. Je ne dissimulerai pas que tout le monde ne pensa pas de cette manière, et que, quand le troupeau s'étant accru, on proposa de donner, chaque année, la surabondance à des cultivateurs, quelques gens désapprouvèrent cette libéralité, sous prétexte que le roi devait avoir seul cette belle race. Heureusement ce raisonnement ne prévalut pas, et Louis XVI souscrivit sans peine au projet de faire servir un des produits de sa ferme au bien des cultivateurs et aux progrès de l'industrie manufacturière.

On prit donc le parti de donner des mérinos de Rambouillet. Mais comme tout ce qui est nouveau n'est pas facilement adopté, surtout par les gens de la campagne, ceux-ci ne firent pas de ces animaux le cas qu'ils méritaient. La finesse de leur laine, disait-on, les rend sujets à la gale : ce fut une première défaveur; ensuite il fallait les nourrir mieux que les bêtes communes : et on n'apercevait pas qu'on en dût être récompensé par la valeur de leurs riches toisons. Les bergers ne pouvaient non plus s'accoutumer à leur forme, à l'étendue des cornes des béliers. Tout cela fut cause qu'on y fit peu d'attention, et la plupart des premiers dons se trouvèrent négligés et perdus. Les yeux ne s'ouvrirent que quand on prit le parti de vendre ces moutons. Les personnes d'une certaine classe en achetèrent pour faire leur cour au roi; d'autres s'en pourvurent par spéculation, parce qu'elles entrevoyaient des profits à faire, en les multipliant ou en s'en servant pour améliorer leurs troupeaux de races communes. Ce moyen ayant réussi et devant conduire au but que les amis de la chose publique voulaient atteindre, on le continua, et depuis, chaque année, il s'est fait et se fait encore des ventes publiques, à l'encan, dans la bergerie royale de Rambouillet, de béliers et brebis, qui passent dans les mains de propriétaires et de fermiers, au grand avantage de l'agriculture et des fabriques. Puisse cette manière se perpétuer encore longtemps !

Quelques personnes, tout en approuvant l'importation en elle-même des mérinos en France, prétendaient que c'était dans le Midi et non à Rambouillet qu'il fallait en former une bergerie. Le climat se rapprochant de celui d'Espagne leur paraissait le plus propre à leur acclimatation. Mais ces beaux animaux ne doivent pas leur laine au pays dont ils sont originaires. C'est une race à part, qui conserve partout sa constitution et la finesse de sa toison. On alléguait, de plus, que le parc de Rambouillet est frais et humide. Sans doute, un troupeau qui y aurait été conduit sans soin de la part des bergers aurait pu y dégénérer; mais il y a aussi dans la ferme des terrains secs et sablonneux, sur lesquels les moutons pouvaient paître le plus souvent. Une considération qui n'a pas peu influé sur le choix du local, c'est que, pour qu'on pût tirer un grand parti de ce noyau de mérinos, il fallait accoutumer les yeux à les voir et en faire connaître les qualités ; placés non loin de la capitale, à portée d'être appréciés par les savants et dans un domaine qui appartenait au roi, il était présumable que tout ce qui composait la cour de ce monarque chercherait à s'en procurer, et les prônerait ; enfin qu'ils deviendraient, pour ainsi dire, à la mode. L'événement a justifié cette espérance.

Le plan qu'on s'était tracé à Rambouillet en avait exclu toute autre race que celle des mérinos importés d'Espagne. Il ne devait jamais entrer dans la bergerie aucun animal, de quelque autre race qu'il fût. Ce plan a été suivi très-exactement. On lui doit en partie la réputation du troupeau ; aussi, lorsqu'en 1797 le général Moreau, qui s'était procuré des mérinos en Allemagne, proposa de les admettre à Rambouillet, je m'y opposai dans la crainte de croisements propres à occasionner une altération quelconque. Une partie des animaux provenant de cette importation furent achetés par M. Dargent, qui les dirigea vers la Normandie. Je les vis à leur passage à Saint-Denis. Un des fils de M. Dargent les a multipliés à Saint-Léonard, dans la Seine-Inférieure, près de Fécamp et de la mer. Ce troupeau, qui n'était primitivement que de cinquante à soixante bêtes, est aujourd'hui de quatre cents. Les animaux, par suite de la bonté des pâturages, ont augmenté d'un quart environ en poids depuis le moment de l'introduction. La laine a doublé de longueur sans rien perdre de sa finesse. Les fabricants la recherchent, dit-on, comme de première qualité pour le peigne.

Bien que l'industrie manufacturière dût profiter de l'introduction en France des mérinos, puisqu'elle en tirait des matières premières qu'elle allait chercher primitivement ailleurs, elle y a opposé le plus grand obstacle. Suivant elle, ces moutons ne pourraient jamais s'acclimater chez nous ; ils ne tarderaient pas à y dégénérer ; leur laine ne vaudrait pas celle qu'ils donnent en Espagne. Ces clameurs, car on peut ainsi caractériser de semblables assertions, avaient leur source dans la crainte que cette importation, si elle réussissait, ne vînt ôter à quelques-uns des plus riches fabricants de draps les moyens de gagner beaucoup, par l'avantage qu'ils avaient sur leurs confrères d'acheter des récoltes entières de laine, soit des propriétaires de troupeaux en Espagne, soit de leurs agents, avec lesquels ils avaient passé des marchés ou espèces de baux, qu'ils soldaient en comptes à longs crédits.

A la dépréciation qu'ils faisaient de ces laines, ils ajoutaient le refus de les employer ou de les payer un prix raisonnable. Ce fut la plus grande, mais non pas la seule opposition : les bouchers en présentèrent une autre à laquelle on ne pouvait

pas s'attendre; ils soutenaient que la chair des mérinos n'était pas bonne à manger, et qu'ils ne seraient pas susceptibles de graisse et de suif. Des
expériences positives et authentiques ont heureusement fait voir la fausseté de cette opinion. On
achète désormais indistinctement, pour la con-
sommation, des moutons mérinos, des métis produits par leurs croisements, et des animaux de
races communes. Les marchés et les foires en pré-
sentent de toutes sortes.

M. Chanorier, receveur général des finances, fut
le premier qui voulut profiter de la facilité que lui
procurait le troupeau de Rambouillet, pour s'en
former un, dont il espérait pouvoir tirer parti; il
avait bien vu la chose. On lui vendit quarante bêtes.
On avait eu quelque peine à consentir qu'il en
acquît, parce qu'il voulait en faire un objet de
spéculation. Je combattis fortement ce motif de
refus, en faisant voir que les spéculations servi-
raient de moyens pour arriver à une propagation
de la race, et on ne s'y arrêta plus. M. Chanorier
établit ces animaux à Croissy, près de Saint-Germain-en-Laye, où il avait déjà un rebut des troupeaux de M. de Barbançois; il les soigna bien, en
agrandit la taille, et fit à son tour des ventes publiques, qui furent fréquentées : plus tard, dans
des temps malheureux, se croyant obligé de s'ex-
patrier, il recommanda son troupeau à ses amis,
et, à son retour, le retrouva amélioré : on va voir
comment.

L'élan donné pour l'amélioration fut suspendu quelque temps, dans les circonstances qui troublèrent la France et qu'il est inutile de rappeler. Le troupeau de Rambouillet et celui de Croissy coururent risque d'être détruits, à cause des propriétaires auxquels ils appartenaient; par un de ces événements sur lesquels on ne pouvait compter, ils furent toutefois conservés, au milieu des orages qui détruisirent tant d'autres établissements. Des voix se firent entendre pour exposer combien ces bergeries étaient utiles à la *nation*; il n'en fallut pas davantage pour qu'on donnât des ordres de les respecter et de les entretenir.

Un bureau consultatif d'agriculture avait été créé; il se trouva composé de tous hommes qui se regardèrent comme heureux d'avoir des occasions de rendre service à leur patrie, dans des moments où elle se déchirait elle-même, et où les étrangers la menaçaient de toutes parts. Un trésor (les troupeaux de Rambouillet et de Croissy) leur était confié, ils résolurent de le garder et de le rendre profitable. Les membres de ce bureau étaient MM. Cels, Gilbert, Vilmorin, Huzard, de Labergerie et Parmentier, que je ne tardai pas à remplacer, quand il fut appelé à une autre fonction. Plusieurs d'entre eux n'existent plus. Les seuls qui vivent encore sont M. Huzard et moi. En nous nommant, je dois m'en tenir à une simple indication, et témoigner ici des regrets sur la perte que nous avons faite de collègues pleins de zèle, d'activité et d'amour du bien. On doit aussi de la reconnaissance à la mémoire de M. Bourgeois, économe de la ferme de Rambouillet, qui, par sa prudence, a contribué à l'amélioration et à la conservation du troupeau, et, par ses soins et son intelligence, l'a toujours maintenu en très-bon état.

Quant au troupeau de Chanorier, grâce aux membres du bureau consultatif d'agriculture, il fut conservé en bon état, même perfectionné, et enfin restitué à son propriétaire, qui dut aussi au même bureau de rentrer dans tous ses biens, meubles compris. Chanorier avait toujours eu l'attention, pour la monte de ses femelles, de se servir des béliers de Rambouillet; mais, malheureusement, plus tard, vers 1804 ou 1805, ses facultés morales s'étant affaiblies, et cette précaution ayant été négligée, il en résulta une dégénération dans la laine de certains animaux.

Bien avant cette circonstance malheureuse, M. Barthélemy, diplomate de première distinction, comprenant les avantages que procureraient les mérinos à la France, si elle pouvait en obtenir une certaine quantité, et déjà instruit des bons effets de la multiplication du troupeau de Rambouillet, fit insérer, dans un traité fait à Bâle avec l'Espagne, la clause secrète de laisser sortir de ce royaume pour la France 4,000 brebis et 1,000 béliers mérinos, non compris 200 chevaux andaloux. Ce traité fut signé le 22 juillet 1795 (4 thermidor an III) par François Barthélemy, depuis pair de France, et Dom

Domingo Yriarte (1). On fut quelque temps sans profiter de cette clause favorable, par suite des embarras du gouvernement. Le bureau consultatif obtint pourtant qu'on s'en occuperait. Gilbert, un de ses membres, fut engagé à se transporter en Espagne pour y faire des acquisitions de mérinos; c'était en l'an viii de la république. Il en fit dans les plus belles cavagnes du royaume. Surpris par l'hiver avant d'avoir acheté tout ce qu'il fallait pour former une bergerie dans le Roussillon à Perpignan, et pour satisfaire des particuliers qui avaient souscrit à raison de 5o fr. par individu, et ne voulant pas risquer de perdre des bêtes au passage des montagnes couvertes de neiges, il fit conduire son troupeau dans l'Estramadure, en attendant le printemps. Malheureusement, l'hiver fut pluvieux dans cette partie de l'Espagne; et la plupart des animaux y périrent de la pourriture. Gilbert ne se rebuta pas; s'étant rendu dans le royaume de Léon et des Asturies, lorsque les bêtes transhumantes venaient d'y arriver, il fit de nouveaux achats.

On me permettra de placer ici l'origine de mon troupeau et ce qui le concerne, puisque les premiers animaux qui l'ont formé étaient de la même importation, et qu'il a eu le même but et le même

----

(1) Par suite de conventions stipulées dans ledit traité, la France rendait ses conquêtes en Biscaye et en Catalogne, et l'Espagne cédait sa partie de Saint-Domingue.

emploi que ceux des bergeries nationales. Son histoire n'est peut-être pas sans quelque intérêt. Le
caractère aimable de Gilbert, son ardeur pour le
bien, sa franchise et ses connaissances lui firent en
Espagne des amis. L'un d'eux, le duc de l'Infan-
tado, possesseur d'un des plus beaux troupeaux de
mérinos, le pria d'accepter en don un certain nombre de mâles et femelles qu'il choisirait. L'idée d'un
présent de cette sorte effaroucha d'abord la déli-
catesse de Gilbert. C'était à une époque où l'on regardait en France, comme déshonorant, de contracter des obligations avec des étrangers. Le duc
demanda à Gilbert, pour ne le point blesser, en
échange, des livres sur l'agriculture et surtout ceux
dont il était auteur. Malgré cette manière honnête de
déguiser un don, Gilbert hésita et ne s'y détermina
que quand ses collègues de Paris lui eurent écrit
qu'une acceptation de ce genre était une chose simple
et naturelle. Les livres furent envoyés, et Gilbert,
rassuré, dirigea sur la France son petit troupeau
avec celui du gouvernement. Je l'achetai de madame Gilbert, au prix moyen de la dernière vente
de Rambouillet, c'est-à-dire 333 fr. l'individu ; je
le plaçai d'abord à Chatou, près Saint-Germain-en-
Laye, puis dans la commune de Louprienne, puis
dans celle d'Issy, où les armées étrangères m'en-
levèrent 100 bêtes ; enfin, dans ma propriété de
Beton-Bazoches, département de Seine-et-Marne.
Il porta quelque temps le nom de Gilbert et le
mien, en souvenir d'un ami auquel il avait appar-

tenu. A ce noyau qui eût trop tardé à remplir mes vues, j'ajoutai depuis une petite troupe, acquise en Espagne par les soins de M. Chesnau-la-Touche, neveu et compagnon de Gilbert dans son voyage : elle avait été extraite des cavagnes de Negrette, de l'Escurial, de Paular, de Perella, c'est-à-dire de ce qu'il y avait de plus fin en Espagne. Lors de l'importation de 1810, pour le gouvernement, qui en avait chargé M. Poyferé de Cère, j'obtins la permission d'y joindre encore cinquante animaux qu'il avait choisis et achetés pour moi.

Ce troupeau et ses productions ont servi à en former d'autres ou à les améliorer dans le royaume, et en pays étranger, et à procurer de belles laines à des fabriques françaises et belges : en France, j'ai fourni un troupeau à Chambord pour la Légion d'honneur, à laquelle ce domaine appartenait ; un à M. de Kergorlay, qui l'a toujours conservé en bon état dans sa terre de Fosseuse, département de l'Oise ; un à l'établissement rural de Grignon, un à la bergerie royale de Rorthey, département des Vosges ; et chez les étrangers, un au prince de Chambourg-Lippe, un à M. Cotta de Cottendorf, dans le Wurtemberg, qui lui a donné le nom de *Cotta-Tessier.* J'avais même cédé un certain nombre d'animaux qui étaient destinés pour Odessa en Crimée, etc., etc.

Enfin, en 1830, ayant cessé de faire valoir la ferme, qui me donnait les moyens d'entretenir mon troupeau, je me déterminai à me défaire de ce qui me restait d'animaux , en les dispersant dans les villages de la Brie , dans laquelle est ma terre de Bazoches.

Quelque temps après l'importation de Gilbert, M. Dijon , propriétaire à Nérac (Lot-et-Garonne), forma le projet de faire venir d'Espagne un troupeau. Il demanda au gouvernement à profiter de la condition insérée dans le traité de Bâle, sans laquelle il n'aurait pas pu se le procurer. Le bureau consultatif d'agriculture , auquel il s'adressa , fut d'avis que cette permission devait lui être accordée , puisque c'était un avantage dont il voulait faire jouir son pays. Homme riche, ami du bien , il cherchait les occasions d'être utile ; il répandit, par ce moyen , l'amélioration des laines dans plusieurs parties du Midi.

La Commission d'agriculture , voyant que les animaux déjà placés à Rambouillet y réussissaient bien et avaient acquis de la taille , désira savoir si d'autres qui n'auraient pas été pris dans les mêmes cavagnes réussiraient également , et en combien de temps. On destina pour cette recherche quarante bêtes de l'importation Gilbert. Tout le reste fut distribué à divers souscripteurs , auxquels le gouvernement les avait promis pour 5o fr. , quoiqu'il les eût payés 7o fr. Une circonstance que je ne dois pas omettre est celle-ci : L'administration du département des Bouches-du-Rhône, avant le départ de Gilbert pour l'Espagne , avait souscrit pour un certain nombre de bêtes ; mais, quand elles furent en France, l'administration, n'étant plus composée des mêmes membres, refusa de prendre les animaux.

Un de nos négociants les plus distingués par son mérite personnel et l'étendue de son commerce, surtout avec l'Espagne, le Portugal et le Levant, M. Durand de Perpignan, offrit de les acheter pour son compte, et se substitua au département des Bouches-du-Rhône : il les envoya chercher, par un temps très-chaud, comme il en fait dans le Roussillon, à la distance de deux lieues du local où il voulait les placer. Celui qui devait les conduire, jeune garçon, les fit courir ; très-peu après, la majeure partie périt. M. Durand ne se découragea pas : ce qui lui restait fut un noyau, qu'il accrut, prévoyant que la multiplication des mérinos serait un grand avantage pour le pays. Le ministre, touché de cette conduite et des avances pécuniaires faites gratuitement pour faciliter l'établissement d'une bergerie nationale, fit, sur mon rapport, don, à M. Durand, de douze brebis et d'un bélier, à son choix : tels furent les premiers éléments du beau et nombreux troupeau que s'est formé M. Durand.

Gilbert venait de faire partir le convoi de bêtes à laine pour Perpignan, lorsqu'il fut attaqué d'une maladie qui l'emporta ; il n'eut pas le bonheur d'aller jouir, dans sa patrie, du succès de la mission dont il avait été chargé et dont il s'était si bien acquitté.

On ne pensait plus à profiter du traité de Bâle ;

le terme fatal de la permission d'extraire approchait, lorsque la Société d'agriculture de la Seine,
sentant combien il serait fâcheux de renoncer à
une pareille richesse, proposa au gouvernement
de laisser faire des importations à des agriculteurs
et négociants français qui voudraient y concourir
par voie de souscription. Cette idée ayant été
approuvée, on la fit connaître dans les journaux;
et, aussitôt qu'il y eut un nombre suffisant de
souscripteurs, ils se réunirent et formèrent un
capital de 102,000 fr., représenté par trente-
quatre actions de 3,000 fr. chacune. Les principaux actionnaires furent MM. Girod (de l'Ain),
Greffo, Carayon, Garnier, Levassor, Brodelet,
Chabanels, Degérando, Coindre, de Silvestre,
de Lasteyrie, Rigaud, de Corencey, Delessert père.
La Société, ou plutôt les directeurs nommés par
elle, choisirent pour ses agents en Espagne M. de
Corencey, membre de l'Institut d'Égypte, depuis
consul général de France à Alep, et M. Chesneau-
la-Touche, neveu de Gilbert, qui connaissait le
pays et savait la langue. Ayant fait voir leurs pou-
voirs à l'ambassadeur de France à Madrid, ils
éprouvèrent des difficultés, à cause de la quantité
de deux mille bêtes qu'ils voulaient extraire cette
année: l'hiver en avait tué beaucoup; ils obtinrent
cependant que l'importation se ferait en deux ans.
Ces mêmes agents eurent à lutter contre une grande
concurrence dans leurs achats, de la part de personnes qui étaient chargées d'une importation sem-

blable pour l'Autriche et la Prusse. La France tira
d'Espagne mille vingt-trois brebis, deux cent deux
béliers et huit moutons; total, douze cent trente-
trois. La troupe, arrivée à la frontière, se divisa
en deux portions; l'une alla, par Bordeaux, Poi-
tiers et Orléans, gagner Arpajon, à sept lieues de
Paris. Les propriétaires riverains étant prévenus
du passage, il se faisait, en chemin, des ventes
par lots. L'autre division prit la route de Nîmes,
Valence. Lyon, Moulins, etc. On put s'en procurer dans plus de vingt départements. Les agents
avaient emmené avec eux un berger de Rambouillet et un basque. En Espagne, ils avaient pris cinq
bergers, parmi lesquels se trouvait Pedro Bianco,
dont il a été parlé, et qui avait accompagné Gilbert dans ses achats. Des douze cent trente-trois
animaux qu'a fournis cette extraction, cinq cent
cinquante-cinq brebis et quarante-quatre béliers
ont été vendus dans le voyage, savoir : les brebis
105 à 115 fr., et les béliers de 160 à 170 fr. On
partagea entre les actionnaires deux cent quatre
brebis, vingt-six béliers et huit moutons. M. Girod
de l'Ain eut pour sa part soixante-dix-huit bêtes,
qu'il emmena à Naz, pays de Gex. Tous ceux
qui obtinrent de ces animaux s'applaudirent de
leur forme et de la finesse de leur laine. Plusieurs
troupeaux du département de Seine-et-Oise s'en
enrichirent à la vente qui fut faite à Arpajon.

Le ministre, M. le comte Chaptal, fut si satis-
fait de cette extraction, qu'il accorda aux sous-

cripteurs la permission d'en faire une seconde de mille bêtes en l'an viii (1800). Cette fois, ils prirent le parti de vendre les animaux à la frontière, c'est-à-dire livrables à Saint-Jean-Pied-de-Port, à raison de 60 francs chacun ; ils s'en réservèrent deux cents pour leurs troupeaux particuliers et pour le gouvernement, qui leur en acheta au prix coûtant de 42 francs. M. Chesneau-la-Touche avait été chargé seul, en Espagne, de cette nouvelle mission et de la surveillance du troupeau jusqu'à l'arrivée en France. Les acquéreurs en furent très-contents ; l'un d'eux offrit de souscrire pour six cents, dans une troisième extraction, pour laquelle on devait enjoindre à l'agent chargé de parcourir l'Espagne de ne prendre que cinq béliers sur cent brebis. Le ministre désigna lui-même cet agent, et voici pourquoi : en l'an xii, madame Bonaparte, voulant augmenter le troupeau qu'elle avait à Malmaison, avait engagé le premier consul à faire demander, par son ambassadeur à Madrid, une extraction particulière de mille mérinos, indépendamment de celle qui devait être faite par le gouvernement, en vertu du traité de Bâle (je soupçonne que cette extraction servit à fournir un troupeau à la Ferté-Beauharnais, en Sologne, appartenant au prince Eugène, son fils). A cette même époque, le prince de la Paix fit présent à M. Chaptal de cent cinquante mérinos de la cavagne de las Paular, qui furent dirigés, avec la troisième importation du gouvernement, sur sa terre de Chanteloup. L'agent, M. Francastel, envoyé en Espagne pour les animaux de Mme Bonaparte, fut chargé, en même temps, de l'extraction des mille mérinos pour le gouvernement; ce fut à l'aide de M. Chesneau-la-Touche qu'il parvint à remplir sa mission. Il acheta aussi, pour son compte, un troupeau qu'il plaça à la ménagerie de Versailles et qui était fort beau. M. Girod (de l'Ain) eut cent six bêtes de cette importation.

Cependant beaucoup de points de la France ne jouissaient pas encore de l'avantage que procuraient à d'autres les mérinos, et on était loin d'avoir acquis tous ceux qu'on était en droit de tirer d'Espagne. M. de Champagny, depuis duc de Cadore, ministre de l'intérieur, administrateur éclairé, comprit qu'il fallait en profiter pour une quatrième importation. Il engagea l'association des souscripteurs à l'entreprendre en l'an xi (1803). M. Delessert, banquier très-estimé, qui avait des rapports particuliers et des correspondants en Espagne, offrit de la faire sous son crédit. Il désigna comme agent M. Hénoque, et celui-ci, ayant été agréé par le ministre, acheta, dans les environs de Ségovie, onze cent soixante-seize bêtes, dont six cent cinquante restèrent au compte du gouvernement, trente furent pour l'agent, vingt-quatre pour M. Bourgeois, économe de l'établissement de Rambouillet; deux cent cinquante-cinq seulement se trouvèrent partagés entre les souscripteurs.

Pour compléter le traité de Bâle, il restait à extraire 55o bêtes ; malgré tout ce que put faire à Madrid l'ambassadeur de France, on ne put les obtenir.

M. de Champagny, dans l'intention de former, de ceux de ces animaux qui avaient été acquis par l'État, trois bergeries, l'une dans le Sud, à une moindre distance du centre que Perpignan, une dans l'Ouest et une dans le Nord, me proposa, par une lettre datée de Milan, le 29 floréal an XIII (1805), d'aller chercher des locaux convenables dans ces parties de la France, ou d'en charger quelqu'un sous mes ordres. Je ne voulus confier qu'à moi une mission qui entrait dans mes vues. Je pensai d'abord que, s'il y avait dans les domaines nationaux quelques fermes ou métairies non encore aliénées, je devais les choisir de préférence pour des placements, afin de n'être point exposé à subir des conditions onéreuses de la part des propriétaires dont on serait autrement contraint d'affermer les terres.

Il fallait trouver des locaux libres; le troupeau nouvellement acheté était prêt à entrer en France; je commençai mes recherches dans les départements de l'Isère, de la Drôme, de Vaucluse, du Var, de l'Hérault, des Bouches-du-Rhône. Partout on me donna des indications, partout on me fit des propositions. Chaque préfet désirait un établissement de ce genre dans son département. Je préférai celui des Bouches-du-Rhône, qui possédait 4oo,ooo bêtes à laine commune, et qui offrait, par conséquent, le moyen de faire une grande amélioration. Ce fut sur Arles que je fixai mon choix, dont je fis part au ministre. La Légion d'honneur y possédait quelques revenus, mais sans habitation convenable. Je louai donc, d'après les conseils de MM. Seignoret et Truchet, une métairie dite *le mas Auzière*, située dans la Camargue, et appartenant aux hospices de la ville.

De ce département je me mis en marche pour ceux du Nord. La route était longue, mais le temps était encore très-favorable. Ayant pris le parti d'écrire d'avance aux préfets de la Sarre, des Forêts et de la Moselle, je me rendis d'abord chez le premier, alors M. Keppler. Le directeur des domaines me désigna les fermes de Bennerath et d'Ober-Emmel, à deux lieues de Trèves, comme biens nationaux qui n'étaient pas vendus; des moines les faisaient exploiter pour leur compte et y venaient passer les jours de vacances, surtout dans le temps des vendanges; car il y avait eu, à Ober-Emmel, des vignes qu'on avait arrachées. L'une et l'autre de ces fermes furent examinées. On avait cru d'abord que celle de Bennerath suffirait; mais il y manquait trop de choses, et je ne dus la considérer que comme un accessoire utile de l'autre; elle offrait, en été, sur des collines, des pâtures contiguës à celles d'Ober-Emmel, et quelques terres labourables. Sa position était élevée et froide. La ferme d'Ober-Emmel occupait un vallon; elle consistait en bâtiments, prairies, terres arables en quantité suffisante, et terres sauvages, dans l'acception du pays, c'est-à-dire en friches, qu'on cultive de temps en temps et qu'on abandonne dans l'intervalle à la pâture des troupeaux. La maison d'Ober-Emmel était commode pour loger le régisseur, sa famille et même les étrangers qui viendraient visiter l'établissement. Il y avait écuries, vacheries, bergeries, granges, greniers, etc. Cette maison était environnée d'eaux fournies par des étangs qui se déchargeaient les uns dans les autres. J'aurais pu craindre qu'elle ne fût nuisible à la santé des hommes et des troupeaux ; mais des propriétaires du pays, un médecin et un artiste vétérinaire m'assurèrent qu'il n'y avait jamais de fièvre intermittente, et que les bêtes à laine n'y contractaient point la pourriture ni le claveau. L'eau qui entourait la maison n'avait pas d'odeur ; les caves étaient sèches, parce que les murs étaient très-épais ; rien enfin, au dedans des bâtiments, n'annonçait l'humidité. Le vallon était étroit ; les terres se trouvaient toutes sur la hauteur, en sorte qu'un troupeau ne pouvait sortir de sa bergerie sans se diriger vers un lieu élevé. Ces circonstances me décidèrent pour les deux localités réunies, et je résolus de les proposer au ministre, à moins que les départements des Forêts et de la Moselle ne m'offrissent quelque chose de mieux.

Le préfet des Forêts m'indiqua le domaine de Vitry, à dix ou douze lieues de Luxembourg, dans les Ardennes : l'établissement d'un troupeau y aurait eu plusieurs avantages. Bien que les Ardennes soient un pays de bois, les moutons, renommés par la qualité de leur viande, y forment un produit à l'importance duquel pouvait ajouter le perfectionnement des laines. Vitry n'est qu'à trois lieues de Sedan, si connu par ses belles manufactures de drap. Ces deux motifs étaient puissants, mais le local proposé, vieux château, dans le plus mauvais état, ne permettait pas de s'y établir. Il fallait dépenser beaucoup pour réparer les bâtiments, d'ailleurs insuffisants; Vitry enfin était loin des routes fréquentées, inconvénient qui devait empêcher bien des amateurs d'y venir aux ventes, ou pour voir le troupeau.

Le préfet de la Moselle, M. de Vaublanc, fit de vives instances pour obtenir une bergerie royale dans ce département. Il proposa une ferme dite *Saint-Ludre*, à trois quarts de lieue de Metz. On aurait pu, à la rigueur, s'y établir, mais il eût fallu nécessairement agrandir le local et ajouter aux terres de l'exploitation.

Beaucoup de particuliers auraient désiré, chacun pour leur propre compte, que l'un des établissements projetés, dont le nombre devait être nécessairement limité, fût placé dans ses propriétés, parce qu'on pouvait prévoir la valeur nouvelle qu'elles acquerraient. J'ai déjà dit que chaque préfet en voulait un dans son département. On s'adressait, en conséquence, de tous côtés, à M. de Champagny, ministre de l'intérieur, dont les lettres polies étaient souvent mal interprétées; mais ce

ministre sage , ayant comparé les examens que je
lui communiquais des lieux que j'avais visités,
adopta, pour les placements, les endroits les plus
favorables , soit sous le rapport de l'élève et de la
propagation des animaux , soit sous celui de l'utilité générale du pays, et, autant que cela était pra-
ticable , ceux où l'on pourrait joindre l'économie
aux autres avantages. Il me recommandait, dans
une de ses lettres, de me garantir, dans le choix des
localités, de toute influence qui pourrait naître, soit
des intérêts particuliers, soit même du désir qu'auraient des administrateurs de fixer près d'eux ces
établissements. C'est d'après de telles considéra-
tions qu'il préféra le département de la Sarre à ceux
des Forêts et de la Moselle. Cette décision me fut
d'autant plus agréable, que, dans mes motifs en faveur de son adoption , j'avais fait entrer l'idée de
prouver aux Belges, qui alors étaient réunis à la
France, que notre gouvernement prenait à eux autant d'intérêt qu'aux autres membres de la grande
famille. Je présentai, en qualité de régisseur,
M. Schneider, qui avait été deux ans et demi à
l'École vétérinaire d'Alfort, et qui savait l'allemand
et le français; c'était un avantage , dans la position
particulière où il se trouvait, de pouvoir compren-
dre toutes les personnes qui voudraient visiter l'é-
tablissement ou s'y instruire.

Ayant ainsi fixé l'emplacement des bergeries du
Sud et du Nord , il me restait à faire de nouvelles
recherches dans l'Ouest ; à cet effet, je me rendis

dans les départements de la Mayenne, d'Ille-et-Vilaine, de la Vendée et de la Loire-Inférieure.
J'eusse voulu mettre un troupeau dans la Vendée,
mais on ne proposait, comme propre à le recevoir,
qu'un local qui ne pouvait être libre que dans
quelque temps, et il en fallait un au plus tôt. Je ne
trouvai rien dans Ille-et-Vilaine ; le sous-préfet de
l'arrondissement de Laval, dans la Mayenne, m'indiqua le château de Craon et ses dépendances, qui
appartenaient à la Légion d'honneur ; sous quelques rapports, cette propriété eût été convenable,
mais le sol m'en parut humide; précédemment tout
y était organisé pour un haras, et le fermier y
avait entretenu beaucoup de juments et de pou-
lains. Comme le gouvernement se proposait de
donner de l'extension à ce genre d'industrie, je
crus devoir ne pas arrêter mon choix sur un lieu
que je jugeais plus propre pour les chevaux que
pour les bêtes à laine. Restait donc la Loire-Inférieure ; je la parcourus depuis Ille-et-Vilaine jusqu'à la Vendée, parce qu'on me donna des indications sur diverses localités. Je me décidai pour
le château de Clermont, commune du Cellier, situé
sur un lieu élevé, au-dessus de la rive droite de la
Loire. Tout ce que je désirais s'y trouvait réuni. Le
ministre approuva ce choix et celui que je fis du
régisseur.

Le troupeau, dépendant de la même importation
que ceux d'Arles et de Trèves, arriva au château de
Clermont en mai 1806, en assez mauvais état de

santé; il était couvert de gale, mais, grâce aux soins qu'on lui donna, il put se rétablir. Il est resté là le temps du bail et n'en est sorti que parce que le propriétaire du domaine voulut, à la fin du bail, l'exploiter par lui-même, afin de profiter du bon état où le séjour des moutons l'avait mis. Pour transporter ailleurs cet établissement, on fut embarrassé; je chargeai M. Lemasne de faire des recherches pour trouver quelque chose de convenable dans le même département, ou, de préférence, dans la Vendée. Après avoir déclaré qu'il n'avait rien trouvé, il proposa une propriété nommée *la Ferrière*, qu'il avait acquise près Redon, petite ville située sur la Vilaine aux confins des *départements* d'Ille-et-Vilaine, du Morbihan et de la Loire-Inférieure : la bergerie y fut conduite. Lorsqu'elle était au château de Clermont, elle était régie pour le compte du gouvernement, qui payait les frais de location et d'entretien. Ici l'administration fit, avec M. Lemasne, une espèce de cheptel, par lequel, recevant quatre cents bêtes de différents âges et sexes, il en rendrait le même nombre et des mêmes âges au bout de neuf ans; pendant ce temps, il jouirait du produit entier des laines et de l'accrue des animaux qu'il vendrait à son profit; on lui abandonnait aussi tout le mobilier, vaches, chevaux et bœufs, à condition de payer la valeur à la fin du cheptel. Cette disposition parut plus tard, à M. Castelbajac, trop défavorable au gouvernement; M. Sirieys de Mayrinhac, qui lui succéda comme directeur des haras et de l'agriculture, et qui regardait les bergeries royales comme inutiles, céda celle de la Ferrière, à très-bon marché, à M. Lemasne, qui, sans doute, en a tiré parti.

Je fus chargé de lui livrer les quatre cents bêtes convenues, lors du départ du troupeau du château de Clermont; mais, comme ce troupeau était composé de plus de quatre cent trente bêtes, il en restait trente que je ne pouvais trouver à vendre dans le pays, ni envoyer dans une bergerie royale trop éloignée. J'imaginai d'en faire un noyau pour l'*Abbaye agricole* dite *de la Trappe*, formée à la Meilleraye, près Châteaubriant, département de la Loire-Inférieure, qui n'était qu'à une petite distance du château de Clermont. Je n'eus pas de peine à m'entendre, pour cet objet, avec le père Antoine, supérieur de cette abbaye. Je fis avec lui, au nom du gouvernement, un cheptel qui n'était point onéreux à l'abbaye; j'y envoyai les trente animaux, qui, grâce aux soins qu'on leur donna, y prospérèrent à l'avantage d'un pays, que cette abbaye travaillait à défricher et à mettre en état de donner d'utiles produits.

Je dois faire observer que les animaux qui arrivaient d'Espagne étaient petits et avaient toujours de la jarre; afin d'en relever la taille et d'en perfectionner la laine, on envoya de ceux de Perpignan, surtout des béliers, à chacune des bergeries du gouvernement.

Les propriétaires et habitants des Landes ne vi-

rent pas, à diverses époques, passer à travers leur
département des troupes de mérinos pour aller
former des établissements dans l'intérieur de la
France, sans éprouver une sorte de jalousie de ce
qu'on paraissait les oublier entièrement ; ils habi-
taient des contrées voisines de l'Espagne, et, par
conséquent, ils semblaient être d'autant plus aptes
à l'élève des mérinos, qu'ils avaient dû apprendre
de leurs voisins la manière de les conduire. M. de
Poyferé, possesseur de nombreux troupeaux de
race commune, engagea, en 1800, le préfet et le
conseil général de ce département à prier le ministre d'y former une bergerie. Il offrait pour local sa propriété de Cère, près de Mont-de-Marsan,
pour le prix annuel de trois béliers et deux brebis
mérinos pendant cinq ans, et sous la condition de
reprendre le domaine s'il cessait d'être une bergerie
nationale. Le ministre accepta la proposition, et la
bergerie fut établie à Cère, d'abord avec des animaux d'une importation faite pour le gouvernement par M. Solanet, inspecteur des haras. Cette
importation se composait 1° de trente bêtes pour
une personne désignée par le ministre, 2° de cent
cinquante pour Trèves, 3° de cent pour la bergerie
de Saint-Genès-Champanelle (Puy-de-Dôme), et
de cent douze autres bêtes que M. de Poyferé joignit à un petit troupeau de race pure qu'il possédait ; l'année d'après, il en obtint encore du gouvernement, et on lui envoya vingt-deux béliers
de Perpignan.

Peu de temps après, M. le maréchal Moncey, depuis duc de Conegliano, commandant en chef l'armée d'observation des côtes de l'Océan, demanda que M. Poyferé de Cère se rendît auprès de lui, parce qu'il pouvait lui être utile en Espagne pour ses opérations; M. de Poyferé, ami de ce général, avait été officier du corps royal du génie militaire, et il connaissait bien le pays : le général motivait encore sa demande sur ce que M. Poyferé pouvait faire des observations pour le gouvernement. Le ministre, sur mon rapport, souscrivit à la demande, et M. de Poyferé partit, après avoir pris les mesures convenables pour que son établissement ne souffrît pas de son absence, qu'on croyait ne pas devoir être longue. Madame de Poyferé était capable de le surveiller; M. du Plantier, préfet, homme de mérite, devait aussi s'en occuper.

M. de Poyferé, dans une de ses lettres, datée de Burgos, offrit ses services au gouvernement, en cas qu'il voulût extraire des mérinos; il avait reconnu la mauvaise qualité des bêtes importées sous ce nom par la contrebande, et il proposait de tirer d'Espagne 15,000 brebis et 2,000 béliers des plus beaux, pris dans les meilleurs troupeaux, pour les bergeries existantes et pour celles qu'on voudrait y ajouter. La présence des armées françaises en donnait la facilité. M. de Poyferé s'y connaissait parfaitement; il comptait d'ailleurs sur le zèle de ce même Pedro Blanco, qui avait déjà servi la France lors de l'acquisition des troupeaux de Rambouillet et de Perpignan et qui avait été le compagnon de l'infortuné Gilbert. Le gouvernement ne donna l'autorisation d'acheter que deux cents bêtes pour la bergerie des Landes et quatre cents pour celle d'Aix-la-Chapelle. A cette troupe en fut jointe une autre qui voyagea avec elle et qui devait être partagée entre M. de Poyferé, M. de Silvestre et moi. Ces animaux avaient été choisis dans les cavagnes de Portago, de Negrette et du marquis de las Hormazas. Chaque animal rendu près Paris ne coûta que 33 fr. 5o c. Cette troupe marcha au travers de l'Espagne insurgée ; partie de Villa-Castin le 28 mai 1828, elle arriva sur le territoire français le 24 août suivant. Cent brebis et six béliers, dont le comte del Campo Alongo avait fait choix dans l'élite de ses troupeaux pour l'impératrice Joséphine, vinrent sous la même direction après avoir été marqués par le donataire, de manière à ne pouvoir être confondus avec les animaux du gouvernement. Il est à remarquer que les mérinos qui composaient cette importation, comparable à celles de Rambouillet et de Gilbert, se sont soutenus en si bon état pendant le long trajet, qu'une partie a pu continuer sans interruption sa route jusqu'à la bergerie de Trèves, qui devait la recevoir et la garder jusqu'à ce que celle d'Aix-la-Chapelle fût entièrement disposée ; elle avait encore à faire trois cents lieues, et on était au 24 octobre, saison bien avancée. Je dois ajouter que ladite extraction fut une des plus belles par la qualité de

la laine, et que les soins de M. Poyferé, qui l'a ac-
compagnée au delà de trois cents lieues, ont été tels,
qu'une seule bête est morte en chemin; l'importation de Rambouillet en avait perdu seize. Dans
cette mission, M. de Poyferé examina un des la-
vadero (lavoirs) les plus remarquables, celui d'Al-
faro, à une très-petite distance de Ségovie; il en fit
le plan et il en a donné la description que j'ai insérée dans mon ouvrage sur les mérinos.

En 1811, un troupeau de mérinos, extrait d'Espagne par les ordres de Murat, roi de Naples, arriva en France dans un tel état de fatigue, qu'il se
trouva incapable de dépasser les environs de Versailles. M. Dailly, propriétaire à Trappes, et M. Plu-
chet, son neveu, le recueillirent et le soignèrent. En
conséquence des arrangements qu'ils firent, ils devaient, après un certain temps, rendre un nombre
égal de brebis du même âge. On a dû penser, à la
vue de ces animaux, qu'ils avaient été choisis dans
les meilleures cavagnes d'Espagne. M. Dailly fils,
en 1813, pour remplir l'engagement pris par son
père, a envoyé à Naples trois cents bêtes. Il avait
acheté, pour relever leur taille, chose qu'il croyait
nécessaire, de beaux béliers de Rambouillet. Ce qui
lui est resté de cette importation et de ses prove-
nances est devenu la source de plusieurs améliorations.

Vers cette époque, il y eut un moment de découragement, du moins dans certains pays; des pertes
d'animaux de la race mérine, enlevés par la pour-

riture, en furent la cause ; on les repoussa particulièrement, dans le département de la Nièvre ; à
peine voulait-on même se procurer des métis. Mais
peu à peu le goût reprit ; la prospérité des bergeries royales, qui prouvait que ces animaux peuvent
réussir en France comme en Espagne, ayant ins-
piré une nouvelle confiance, beaucoup de propriétaires et de cultivateurs cherchèrent à s'en procurer.
Les uns en firent des achats chez les personnes qui
en possédaient en France, d'autres s'en pourvurent par la voie des contrebandiers. Ce fut à cette
occasion que des Wurtembergeois introduisirent
en France des bêtes à laine sous le nom de mérinos. Ce ne fut pas toutefois de ce côté que se fit le
plus de fraude ; la contrebande s'étendit davantage du côté de l'Espagne ; les hommes qui la faisaient vendaient leurs bêtes à bon marché, mais
elles étaient rarement d'un aussi bon choix que celles
qui entraient sans qu'on frustrât les droits. En général, on les trouvait chétives, jarreuses et d'un
mauvais état de santé ; ce qui doit peu surprendre
ceux qui connaissent la manière dont les choses se
passent dans cette sorte de commerce. En étant
bien informé, je crus devoir publier un écrit à ce
sujet.

Quel est le but du contrebandier ? c'est d'avoir
des bêtes qui lui coûtent peu pour gagner davantage, et de dépenser le moins possible pour les conduire au lieu de la livraison. En conséquence, il
ne va ni aux environs de Ségovie, ni dans les mon-

tagnes de Léon; encore moins dans l'Estramadure, patrie des mérinos de première qualité. Il fait ses achats dans la Biscaye, la Navarre et l'Aragon, où se trouvent les bêtes à laine fine de deuxième et troisième qualité, dont une partie pourrait être prise pour des métis du deuxième ou troisième croisement. En général, il ne trafique guère que sur des animaux de la race sédentaire voisine des Pyrénées, dont le principal marché est *Soria.* Il existe, il est vrai, dans ces pays des mérinos de choix, mais les propriétaires ne vendent que leurs réformes. Si les contrebandiers en obtiennent quelquefois de meilleurs, ils les doivent à l'infidélité des régisseurs ou à des ventes que font les bergers de bêtes qui leur appartiennent.

En important des individus de choix, ils déprécieraient nécessairement les autres, dont ils ne pourraient plus se défaire. N'étant munis d'aucune permission, ils sont obligés de prendre des routes détournées pour éviter la rencontre des douaniers, de faire des marches longues, quelquefois de dix lieues de suite, et de profiter des nuits pour se rapprocher de la frontière; car un édit du roi d'Espagne, du 26 mai 1806, prononce les peines afflictives les plus graves, contre les exportateurs en contrebande. La surveillance devenant d'autant plus exacte qu'on approche des limites des deux pays, il devient indispensable de joindre la célérité à l'adresse; il faut franchir d'un seul trait, et par des défilés impraticables, les montagnes qui séparent l'Espagne de la France. Dans le trajet, on perd souvent beaucoup d'animaux ; tous souffrent de la fatigue et manquent de nourriture. Arrivés sur notre territoire, ils auraient besoin de repos et de pâturages, mais on ne peut suppléer à ceux-ci par de la nourriture à l'étable, car ils la refuseraient, faute d'habitude, et, d'un autre côté, tout retard étant onéreux pour le marchand, il hâte le plus possible la marche de sa troupe jusqu'à sa destination. Pendant une route si accélérée, faite presque sans séjour, il est impossible de donner aux animaux les soins qu'ils exigent ; ils ne peuvent donc être remis que maigres, harassés, languissants, couverts de gale, et les acquéreurs en perdent beaucoup en hiver ; peu de brebis donnent des agneaux ; il faut du temps et de bonne nourriture pour les rétablir. Il résulte de ces détails, que j'ai cru devoir consigner ici (1), qu'une acquisition de bêtes importées par ce moyen et conduites de cette manière revient plus cher que celle de l'achat d'animaux acclimatés, qui, d'ailleurs, sont supérieurs en qualité.

Bonaparte ne fut point indifférent à l'amélioration des troupeaux en France ; j'en ai eu des preuves. A une époque que je ne puis me rappeler, il ordonna la sortie d'Espagne de 3,000 mérinos

______

(1) Ils sont insérés dans les *Annales d'agriculture*, t. 27, 1re série, et ont été imprimés à Trèves, où il y avait une bergerie nationale.

pour en faire présent à Berthier, prince de Wagram, à condition qu'il les destinerait à la propriété de Chambord, qu'il lui avait donnée, et qu'il appelait principauté de Wagram ; il devait y en ajouter encore 1,000 et tenir toujours le troupeau à ce nombre, c'est-à-dire à 4,000 bêtes. M. Geoffroy, professeur d'histoire naturelle au Jardin du Roi, étant lié avec Berthier depuis leur séjour en Égypte, celui-ci l'engagea à aller à Chambord et le consulta sur la manière de conduire et de soigner ces animaux : on peut être un savant naturaliste et n'avoir pas la connaissance de l'élève et de l'entretien d'un troupeau considérable de bêtes à laine. Aussi M. Geoffroy vint-il me demander des avis que je m'empressai de lui donner. Je lui fis observer que Chambord n'était pas favorable à cette sorte d'animaux, et qu'il fallait beaucoup de précautions pour n'en pas perdre de la pourriture. J'en étais d'autant plus sûr que je connaissais le local, et que déjà il y avait péri un grand nombre de mérinos. Lors de la visite de M. Geoffroy à Chambord, il n'y avait encore que 1,040 bêtes. Nous n'avons pas su si le surplus y est arrivé ; ce qu'il y a de certain, c'est qu'un établissement si mal placé n'a pas réussi et ne devait pas réussir. Quelques personnes cependant en ont profité.

En 1811 on avait organisé une autre importation assez considérable ; malheureusement elle ne réussit pas mieux que la précédente. M. Chaperon, négociant, se trouvant à Bayonne pour la vente qui devait avoir lieu de 1,400 balles de laine prises en Espagne et qui furent amenées à Paris au Conservatoire des arts et métiers, fit un voyage au delà des Pyrénées ; il se mit en relation avec le fils du duc de Negrette. Le troupeau de cette maison, autrefois de 7,000 têtes, se trouvait réduit à 5,500 par l'effet des événements politiques. Il appartenait au duc del Campo Alongo, chef de la famille. M. Chaperon en acheta, au nom et pour la maison de commerce Behie et compagnie, 5,000 dont il n'entra en France que 3,500 : ce troupeau avait éprouvé beaucoup de pertes tant en Espagne qu'en France ; le propriétaire, ou plutôt les propriétaires, car probablement l'entreprise avait été faite par actions, prièrent, par l'entremise de M. Alexandre Delaborde, le ministre de l'intérieur (M. de Montalivet) de lui procurer un asile dans un des domaines ou parcs du gouvernement, de manière qu'il pût être rapproché de Paris et qu'on en vendît avantageusement les animaux. M. Behie avait encore une autre idée : ce troupeau étant de la cavagne la plus renommée d'Espagne, il croyait qu'il serait bon que le gouvernement en fît un établissement. Soit que cette idée ne fût pas approuvée, soit défaut de fonds, le ministre se borna à demander des renseignements. La maison Behie avait divisé l'importation en trois parties : l'une était placée à Ciudad, près Tarbes, une autre au château de Jumillac en Périgord, et la troisième auprès de Châtellerault. Les fatigues d'une longue route, une saison affreuse, le changement de nourriture, selon M. Behie, produisirent bientôt une mortalité rapide et immense (1). On avait fait venir près Paris un détachement de deux à trois cents bêtes qui furent les moins maltraitées; on perdit presque tout le reste, de sorte qu'une si belle et si précieuse importation, qui avait coûté beaucoup à ses auteurs, produisit très-peu d'effet pour l'amélioration.

J'ai moins de renseignements sur une autre importation faite bien avant, aussi par entreprise; mais voici ce que j'ai recueilli : En 1806, M. Godine jeune, professeur à l'École vétérinaire d'Alfort, est allé en Espagne avec mission de M. Micaulx de Courbeton, pour y acheter des mérinos; on croit que MM. Foucault de Pavau et Alexandre Delaborde étaient dans l'affaire. Il fut importé, à cette époque, plus de 3,600 animaux, dont 600 pour Fouché, autrefois ministre de la police, qui les a placés à Chessy près Lagny ; 800 pour M. de Courbeton, au prix de 120 fr.; le reste fut vendu à Toulouse : on a supposé, toutefois, sans preuves suffisantes, que cette acquisition avait pu être faite à des contrebandiers à la frontière d'Espagne, et qu'elle était composée de bêtes sorianes.

Dans la même année 1806, M. de Pange de Son-

---

(1) Par une lettre de M. Behie, du 23 avril 1830, la mortalité fut telle que de cinq mille bêtes achetées à Madrid il ne s'en est pas] conservé quatre cents, qui ont été disséminées sur lesdivers territoires de la France.

gis, au moyen de M. de Borda son parent, qui avait ses terres aux Pyrénées, fit une extraction dont les bêtes furent d'abord dirigées par petites troupes de vingt à cinquante jusque chez ce même M. de Borda, d'où M. de Songis les a amenées dans sa propriété du département de la Moselle : on ne peut douter que cette importation ne soit due à la contrebande.

C'est en 1807, au mois d'octobre, que M. le comte d'Orvilliers, aujourd'hui pair de France, reçut d'Espagne trois cents mérinos, extraits, dès le mois de juillet précédent, des cavagnes Negrette, et du prince de la Paix, sous les auspices du duc d'Heredia. Ces animaux, à leur arrivée, portaient le chiffre de la cavagne à laquelle ils avaient appartenu ; beaucoup étaient plissés, ce qu'on recherchait alors. M. d'Orvilliers les dirigea sur sa terre de Cowpraie en Brie ; il y ajouta une réserve de vingt béliers de Rambouillet. Non content de maintenir constamment son troupeau pur, après trois ans il fit une réforme pour en écarter tout ce qui était inférieur. Ce troupeau, vraiment parfait, a produit beaucoup de métis chez divers cultivateurs de la Brie, du Gatinais, de la Bourgogne, du Berri, et a même fourni à des exportations hors de France. Sa taille avait été sensiblement élevée.

Il y eut encore d'autres importations que celles dont il vient d'être question ; les unes furent faites pendant que le gouvernement était occupé pour former ses établissements ; les autres le furent depuis ce temps-là; mais je n'ai pu les mentionner, faute de documents suffisamment précis. D'après ce que je viens d'exposer et d'après les renseignements spéciaux qui vont suivre, on a pu déjà néanmoins et l'on pourra mieux encore juger non-seulement de l'importance des diverses opérations du gouvernement, mais des principales entreprises privées, dont les efforts ont concouru à multiplier en France les germes d'une amélioration qui fut si profitable.

BERGERIES PARTICULIÈRES.

BERGERIE DE RAMBOUILLET.

La ville de Rambouillet est située à onze lieues de Paris et à sept de Versailles, dans le département de Seine-et-Oise, sur la grande route de Paris à Bordeaux et à Nantes. C'est là que se trouve un domaine appartenant jadis à M. le duc de Penthièvre, qui le vendit au roi Louis XVI en 1785 : ce domaine était composé d'un vieux château, où est mort François premier, d'un parc d'environ deux mille arpents, de plusieurs fermes, au dehors, et d'une forêt de vingt-sept mille arpents, tant pleins que vides. C'est dans le parc qu'a été établie une ferme destinée à faire des expériences qui pussent donner au prince des idées d'agriculture et prouver au public l'intérêt qu'il prenait à ce premier des arts, à l'industrie la plus importante.

Les bâtiments de la ferme, qui devaient être sous ma surveillance, étaient à peine achevés, que je priai M. le comte d'Angivillier, gouverneur du domaine, d'engager le roi à la faire garnir d'animaux de races choisies, surtout parmi les bêtes à laine. Cette demande fut accueillie, et, à l'aide des deux importations d'Espagne, dont il a déjà été parlé plus haut, l'une en 1786 et l'autre en l'an VIII (1800), on parvint à y former le beau troupeau qui existe encore et qui a conservé constamment la réputation dont il fut à juste titre entouré dès son origine, troupeau qu'on doit regarder comme la source de toutes les améliorations faites en France pour le perfectionnement de nos laines.

Si on se fût contenté de ce qu'il y avait de terres cultivables ou en pâtures dans le parc, on n'aurait pu y entretenir qu'un petit nombre d'animaux; pour qu'il en fût autrement, on crut devoir arracher du bois dans les endroits où il venait le moins bien.

M. Bourgeois, fils d'un cultivateur de la Beauce, fut choisi pour être l'économe de l'établissement; c'était un homme très-actif, intelligent et capable de bien conduire une exploitation de ce genre. Longtemps après, son fils, auquel il avait donné de l'éducation, lui succéda, quoique jeune encore à l'époque de sa mort. Un berger principal, nommé Delorme, fut chargé de la direction des troupeaux ; car on mettait toujours à part les brebis, les béliers et les agneaux. Par son assiduité et les connaissances pratiques qu'il ne tarda pas à acquérir, il devint en peu d'années un serviteur précieux, que secondèrent toujours les commissaires du gouvernement.

On établit dans la ferme des ventes, qui avaient lieu au mois de juin, tous les ans ; elles étaient très-fréquentées non-seulement des cultivateurs de la Beauce, mais encore de ceux de pays fort éloignés, qui venaient y acheter des béliers et des brebis s'ils voulaient se former des troupeaux, ou seulement des béliers s'ils n'avaient que le projet de métiser. Ces ventes donnèrent le goût des mérinos et furent les premiers moyens d'améliorer les races communes : on offrit en même temps des laines aux fabricants de drap ou à leurs courtiers, afin d'en apprécier les qualités. Des commissaires du gouvernement assistaient toujours aux ventes, pour en régler le mode. Il y régnait la plus grande loyauté.

Le troupeau de la première importation, peu après son arrivée, fut attaqué du *claveau*, qu'il avait gagné en chemin. Cette circonstance fit prendre la résolution de ne le laisser jamais sortir de l'enceinte, d'en bien entretenir les murailles et de n'admettre en aucun cas des animaux de l'extérieur. Cette résolution fut, dans la suite, un préservatif constant contre ce genre de contagion, et une garantie contre toute dégénération. Aussi a-t-on vu plus haut qu'on ne s'en est pas écarté, même en faveur du beau troupeau, dont le général Moreau s'est emparé dans ses heureuses campagnes d'Allemagne.

Le sol du parc de Rambouillet est, en général, humide, quoiqu'il y ait des parties qui ne le soient pas. Mais avec des précautions dans la conduite aux champs, dans la qualité et la quantité de nourriture à la bergerie, on peut mettre les animaux à l'abri de la pourriture. C'était un exemple à donner. Les bêtes qui arrivent d'Espagne ont ordinairement de la jarre dans leurs toisons ; à Rambouillet, elle disparut en peu d'années. Les individus gagnèrent en hauteur et en grosseur, sans perdre de la finesse de leur laine, devenue plus abondante : ce dernier point intéressa surtout les acheteurs ; car il ne fallait pas être bien habile calculateur pour savoir qu'à quelque bas prix que soit la belle laine, un gros mouton qui en porte huit à dix livres promet plus qu'un petit, qui n'en donne que deux ou trois, même vendue très-cher, surtout si on tient compte, en outre, de la différence de la chair.

L'opinion conçue de la bergerie de Rambouillet a souvent fait monter très-haut les ventes, chacun voulant posséder quelque bête qui y eût été élevée. J'ai vu des fermiers se réunir pour acquérir en commun, à des prix très-élevés, les plus beaux béliers, même un seul, dont ils se partageaient la lutte, et dont ils tiraient de belles productions.

Ce ne fut pas sans peine que la bergerie de Rambouillet résista aux attaques qui furent dirigées contre elle dans le fort de la révolution.

Heureusement quelques bons esprits, stimulés par les membres de la commission d'agriculture, présentèrent aux yeux de ceux qui gouvernaient alors cet établissement comme national et comme servant à augmenter les productions de la France. Ce raisonnement eut l'effet qu'on pouvait désirer; on respecta la ferme et le troupeau qu'elle contenait. La commission d'agriculture fut chargée de la surveillance, et, sous la direction de M. Bourgeois, continua ses fonctions.

Je ne sais, en définitive, quel sort attend un établissement si riche en services rendus au pays. On a de nouveau travaillé depuis plusieurs années à sa destruction; les fabricants ont prétendu que la laine de ses troupeaux avait dégénéré; des ignorants ou des hommes personnellement intéressés ont soutenu qu'il était inutile, et ont dit qu'il fallait laisser le soin d'entretenir l'amélioration à des particuliers qui font toujours mieux que le gouvernement. Aucune de ces assertions n'est vraie ou applicable au cas présent. Les motifs des fabricants sont connus; je les examinerai et les discuterai dans un autre endroit. Quant aux deux dernières opinions, il est fâcheux qu'elles n'aient pas été appréciées à leur valeur par trois directeurs de l'agriculture, MM. de Castelbajac, Syriès de Mayrinhac et de Boisbertrand. On n'a jamais pu leur persuader que c'était dans les mains seules du gouvernement que devait être placé le foyer de l'amélioration, qu'à lui seul il convient de confier le feu sacré pour qu'il ne s'éteigne pas ; et que, par conséquent, les dépôts d'animaux de la *race pure*, et notamment ceux de Rambouillet, doivent être entretenus aux frais de l'État, qui a tant d'intérêt à les conserver sans altérations.

BERGERIE DE PERPIGNAN.

J'ai dit, plus haut, que quelques personnes, Gilbert lui-même, n'approuvaient pas qu'on eût placé un troupeau de mérinos à Rambouillet plutôt que dans le midi de la France, et j'ai expliqué les raisons de ce choix, qui a été depuis suffisamment justifié par le succès. Mais, comme Rambouillet se trouvait trop éloigné de diverses parties de la France, il fut résolu qu'on formerait plusieurs établissements analogues. Gilbert, ayant reçu la commission d'aller en Espagne, en 1807, pour en extraire des mérinos, chercha un local qu'on pût occuper immédiatement ; il en trouva un à une lieue un quart de la ville de Perpignan, dans le département des Pyrénées-Orientales ; il se composait de trois petits domaines, appelés *Mas*, savoir : le Mas-Coll, composé de trente-neuf hectares, dont dix-huit en terres labourables ; le Petit-Mas, consistant en vingt-neuf hectares, dont dix-huit également en terres labouraoles, et la métairie dite la Tour, qui contenait cent dix hectares, dont quarante en terres labourables; en tout cent soixante-dix-huit hectares.

Pendant un certain nombre d'années, la bergerie acquit la jouissance du Mas-Anglada, plus près de la ville, moyennant une location de 3,600 fr. Obligée de la céder plus tard à l'administration des haras, qui y fit un dépôt de chevaux étalons, elle se trouva réduite aux Grand et Petit-Mas et à la métairie de la Tour. Cette dernière est placée sur les bords de l'Agli, non loin de son embouchure; le terrain y est bas et plus ou moins salé, ce qui a fait donner à la contrée le nom de *Salanque*. Plusieurs hivers, le troupeau des béliers a séjourné dans une bergerie, entre l'étang de Lemate et la mer; on y portait de la métairie de la Tour les fourrages nécessaires. Les bergers assuraient que l'air y était doux. Mais je ne permis plus qu'on les y envoyât lors de la guerre, dans la crainte qu'une embarcation ennemie n'enlevât cette portion importante du troupeau du gouvernement. Depuis cette époque, la mesure a cessé.

Les bâtiments de la métairie de la Tour, exposés à être ensablés par l'effet des vents impétueux, avaient besoin qu'on remédiât à cet inconvénient. Des plantations de tamaris ont été employées avec avantage pour contenir et fixer les sables des petites dunes environnantes.

Quant aux Grand et Petit-Mas, leur situation

diffère de celle de la Tour, en ce que le sol est plus élevé et ne contient pas de sel. On désigne le pays qu'ils occupent sous le nom d'Aspres. On y fait des cultures ordinaires; il s'étend plus ou moins loin au-dessus de la rivière de la Tet.

Gilbert, en partant pour l'Espagne, avait arrêté la formation de l'établissement. Des bergers et des chiens, sortis de Rambouillet, vinrent y attendre le troupeau, qui n'arriva que l'année suivante ; et M. Ollivier y appela des laboureurs de la Beauce. M. Ollivier avait été commis à la ferme de Rambouillet. Témoin des opérations de M. Bourgeois et de la bonne direction donnée à la propagation et à la conservation du troupeau, il avait acquis les connaissances suffisantes pour être un bon économe ; il le fut en effet : aussi n'eus-je presque toujours dans mes inspections qu'à l'engager à continuer sa gestion, comme il le faisait. Son neveu Audusson lui succéda et montra autant de zèle, d'intelligence et de probité que l'oncle à l'école duquel il avait vécu quelques années.

Il se fait, tous les ans, à la bergerie de Perpignan, des ventes publiques de laine et d'animaux, à une époque déterminée. La réputation que la finesse des toisons a acquise à cette bergerie s'étend au loin ; on y vient même des environs de Paris. Elle a fourni à tous les autres établissements du royaume des béliers plus beaux que ceux des importations qui leur étaient destinés.

Elle a envoyé à Lucques, pour la princesse Élisa, quarante-six brebis, quatre béliers et trente agneaux.

Plus tard, le gouvernement acheta le Mas-Coll. Il avait appartenu à M. Coll, émigré en Espagne, qui le trouva très-amélioré à son retour. Comme les biens non vendus devaient être restitués, on le lui rendit, et on dut traiter avec lui pour la location. A sa mort, je conseillai au gouvernement de l'acheter, ce à quoi ses héritiers consentirent.

A l'époque où les chèvres de Cachemire arrivèrent en France, on bâtit au Mas-Coll une chèvrerie, qui est devenue bergerie. C'est là qu'on a acclimaté avec beaucoup de succès ce genre d'animaux, pour qu'il pût ensuite être répandu dans diverses parties, et surtout dans les montagnes. Le gouvernement en avait acheté cent à M. Ternaux, pour 5oo,ooo fr. Je les envoyai de Marseille par mer.

BERGERIE DE POMPADOUR.

Dès qu'on put disposer, à Rambouillet, d'un certain nombre au delà des demandes des propriétaires et cultivateurs qui faisaient valoir les ventes annuelles, on songea à utiliser ce surplus pour former une colonie propre à l'amélioration d'autres pays. On choisit, pour l'emplacement, le domaine de Pompadour, situé à plusieurs lieues de Limoges, dans le département de la Corrèze. Ce lieu était connu par un haras célèbre où l'on élevait une de nos plus belles races de chevaux dits *chevaux limousins*, employés surtout pour monter la cavalerie légère. Comme il appartenait au gouvernement et qu'il se trouvait libre, on voulut en profiter ; le château, chef-lieu du haras, venait d'être détruit ; une partie des pâturages était aliénée, mais il en restait assez pour un troupeau. Gilbert fut, en conséquence, chargé d'organiser celui qu'on devrait y envoyer et qu'on y envoya, en effet, de Rambouillet. Il y aurait peut-être prospéré, si, après qu'on eut senti le besoin de rétablir le haras (1), il eût été plus facile de maintenir de l'harmonie entre les agents et les gardiens du troupeau. Les uns et les autres voulaient qu'on réservât les meilleurs fourrages et pacages pour les animaux qui leur étaient confiés. Le haras était un objet trop important pour qu'on ne fît pas attention à ces tracasseries dont je devins moi-même témoin lors d'un voyage que je fus chargé de faire à Pompadour pour des objets d'administration. J'y avais remarqué que le terrain sur lequel paissait le troupeau n'était pas assez sec pour qu'on n'eût rien à redouter des effets de la négligence. Ces mo-

---

(1) Cette opération se fit en rassemblant d'abord ce qu'on put retrouver et acheter d'animaux de la même race, mâles et femelles. On ne sait trop pourquoi, plus tard, on a supprimé les juments dans ce haras. Il est à espérer qu'on en joindra aux étalons, si l'on croit devoir le conserver.

tifs déterminèrent le ministre de l'intérieur, M. de Champagny, à ordonner que le troupeau fût transféré ailleurs; on verra plus loin ce qu'il devint.

BERGERIE DE SAINT-GEORGES.

Ayant reçu l'ordre du ministre, M. de Champagny, de placer le troupeau qu'on ne pouvait garder à Pompadour, je désirai en favoriser un des départements de l'Est. Je me rendis à Lyon, où M. le marquis d'Herbouville était préfet, après l'avoir été à Anvers. Il me proposa, dans l'ancien Beaujolais, sur la commune de Saint-Georges-de-Reneins, près Villefranche, un local appartenant à M. Flandre-d'Épinay; j'avais cherché inutilement un local dans le département de Saône-et-Loire. Je traitai donc avec le propriétaire : les biens affermés consistaient en bâtiments, terres labourables, vignes, jardin et pré. Un membre distingué de la Société d'agriculture de Lyon voulut bien être régisseur de ce nouveau troupeau, formé de 175 bêtes, dont 100 de Perpignan et 75 seulement de Pompadour; toutefois M. Chansey ne conserva pas longtemps une fonction qui ne lui convenait pas; je lui substituai M. Hébert, fils d'un cultivateur de la Beauce. Il se fit, dans l'établissement, quelques ventes qui auraient acquis plus de faveur si le troupeau était resté dans ce local; mais il fallut l'en tirer parce qu'il éprouvait trop de pertes ; d'ailleurs, le propriétaire, qui désirait avoir un troupeau à lui, pressait pour que celui du gouvernement quittât sa ferme, qu'il appelait ferme expérimentale, bien qu'il ne soit rien résulté d'utile des tentatives qu'il a pu y faire.

BERGERIE DU PUY-DE-DÔME.

Après avoir disposé de la première moitié du troupeau de Pompadour en faveur du département du Rhône, je me mis en marche pour placer l'autre : le 10 mai 1807, je me rendis à Clermont dans l'intention de faire des recherches en Auvergne. M. Ramond, mon confrère de l'Académie des sciences, administrait, comme préfet, le département du Puy-de-Dôme avec tout le zèle, toutes les attentions et l'activité possibles; il y faisait beaucoup de bien et en trouvait la récompense dans la reconnaissance des habitants. Il me seconda autant qu'il le put pour l'accomplissement de ma mission. J'examinai les locaux qui me furent proposés, et je me déterminai pour un domaine de Saint-Genès-Champanelle, à une lieue et demie au sud-ouest de Clermont; il appartenait à M. Dalmas, homme très-accommodant. Je trouvais dans ce placement l'avantage d'être près d'une grande ville où il y avait des foires considérables et des relations commerciales étendues; j'étais surtout bien aise de mettre un troupeau dans une position élevée et froide comme objet d'expérience, ainsi que je le projetais depuis quelque temps. Saint-Genès-Champanelle était voisin du Puy-de-Dôme et bien au-dessus de sa base. La température y était rigoureuse en hiver.

M. Dalmas loua au gouvernement, pour 4,000 fr. annuels, des bâtiments suffisants, des terres et des prés, avec un parcours dont il jouissait seul dans la commune.

Le troupeau que j'y établis était composé de bêtes de Pompadour et de bêtes de Perpignan ; il s'y porta très-bien et fit peu de pertes ; seulement sa taille n'augmenta pas en hauteur.

Le commandeur d'Argenteuil en fut le premier régisseur. Appelé à la fonction d'inspecteur des poids et mesures, il a été remplacé par le propriétaire, M. Dalmas, d'après le conseil de M. Ramond, qui connaissait son intelligence.

M. Syriès de Mayrinhac, étant directeur de l'agriculture, supprima cet établissement, qui avait servi à fournir des germes améliorateurs aux pays environnants.

BERGERIE DE RORTHEY.

Cette bergerie doit être regardée plutôt comme un changement de place pour le troupeau que comme une nouvelle création, puisque ce troupeau, dans son principe, avait séjourné quelques années d'abord à Saint-Georges-de-Reneins, puis à Naudax, département de la Loire, à quelques lieues de Roanne, d'où il a été transféré à Rorthey.

Le ministre ayant trouvé qu'à Naudax la bergerie devenait trop coûteuse, et, d'ailleurs, le propriétaire voulant exploiter par lui-même ce qu'il avait loué au gouvernement, je fus invité à chercher ailleurs un endroit pour y établir le troupeau.

Désirant ne pas trop l'éloigner, s'il était possible, des pays où il avait été connu et qui pouvaient encore en profiter, je parcourus les départements environnants; mais, faute de trouver dans la Moselle, la Meurthe et le Jura, ce qui convenait, je fus obligé d'aller au delà; enfin, après avoir examiné bien des locaux, ce fut à la ferme de Rorthey, commune de Sioure, à peu de distance de Neufchâteau (Vosges), que je m'arrêtai.

Les bâtiments principaux sont sur un lieu élevé, immédiatement au-dessus d'un vallon arrosé par une rivière qui alimente la forge de M. Muel, propriétaire de la ferme; dans le bas et près d'un étang, est une grange pour recevoir les herbes fanées des prairies qui bordent la rivière en attendant qu'on puisse les transporter plus haut; au delà de la rivière et dans une plaine en face des bâtiments principaux de Rorthey se trouve une bergerie qui en est une annexe.

Le manoir, l'habitation du directeur et les constructions destinées aux animaux sont également sains. Les pâturages ne sont pas humides, quoiqué peu éloignés des bois, et il en est de même des terres arables. Le sol, sous ces rapports, convient donc parfaitement aux bêtes à laine.

On vient de voir que c'est le troupeau arrivé de Naudax qui a commencé à peupler cette bergerie; on y a, depuis, ajouté les débris de celui de Trèves, envoyé d'abord à Metz lors des guerres de l'invasion, et recueilli par M. Marchand, maire de cette ville, qui le reçut dans sa terre de Logne, sur les bords de la Moselle : ce troupeau fut ensuite donné en cheptel à M. Lesné, à Ditchweler, près Forbach ; à l'expiration du terme de ce cheptel, on fut obligé de le joindre à celui de Rorthey. De plus, quand on conçut le projet d'introduire en France des bêtes de Dishley à laine longue, M. Corbière me chargea d'en aller acheter pour le gouvernement, chez M. Wollaston, un nombre peu considérable, à la vérité, mais assez pour les étudier convenablement. Je conseillai au ministre de les faire séjourner pendant quelque temps à l'école vétérinaire d'Alfort ; au bout d'un an, elles furent envoyées à Rorthey, où on les a toujours soignées à part sans les mêler aux mérinos.

Chaque année, il se fait du croît de ces animaux une vente publique ; Rorthey n'étant pas commodément placé, elle a lieu à Neufchâteau. Cette vente a fourni des germes à un certain nombre de troupeaux du pays pour des métisages. Cependant des circonstances malheureuses pour le produit des bergeries royales comme pour tous les propriétaires de mérinos ayant ralenti le désir de posséder de ces animaux et, par conséquent, les achats, deux directeurs de l'agriculture se sont persuadés qu'il fallait détruire cet établissement, bien qu'il pût être encore utile, ne fût-ce qu'à la conservation de la race pure. Nos représentations, nos instances nous ont néanmoins, jusqu'ici, laissé l'espoir de ne pas le perdre. Nous devons cette bergerie au zèle éclairé de M. Cherrière, sous-préfet de Neufchâteau, qui a conseillé, facilité la location et surveillé l'établissement en bon administrateur.

M. Lequin en est le régisseur; il m'a été indiqué par M. de Cherrière, comme un des hommes le plus probe et le plus capable de diriger l'opération rurale et la conduite du troupeau, et en cela je n'ai pas été trompé.

BERGERIE DE PALAUD-WEISWEILLER OU DE LA ROER.

En 1808, parcourant les départements de la rive gauche du Rhin, qui alors faisaient partie de la France, dans l'intention de savoir où il serait possible et utile d'y placer encore une bergerie royale, j'allai trouver, à Aix-la-Chapelle, M. de Lameth, qui était préfet de la Roër et habitait cette ville renommée par ses eaux thermales et par ses manufactures. Il m'indiqua la ferme domaniale de Weisweiler, commune du canton d'Eschweiler, à quatre lieues environ d'Aix. Elle consistait en bâtiments étendus et cinq cent trente-huit arpents de terres labourables et prairies.

A trois cents mètres de cette ferme était le château de Palaud, ayant une basse-cour et des bâtiments propres à une exploitation; des prairies considérables l'environnaient. Ce bien, qui appartenait au prince de Metternich, et, selon les autres, au prince de Bretzeinken, était devenu libre depuis que le propriétaire, à la suite d'une indemnité, avait quitté le pays; mais les revenus en étaient versés dans la caisse d'amortissement, et il était difficile de changer cette destination. On pouvait trouver dans les dépendances du château de quoi établir une bergerie, d'autant mieux placée qu'elle aurait été à proximité des immenses manufactures de drap de Montjoie, de Strotberg, de Roatgin, de Verviers, de Limbourg et d'Eupen, qui consomment annuellement pour plus de trente millions de laine de toute espèce. Là un établissement ne pouvait qu'être agréable aux propriétaires en général, et principalement aux fabricants, qui recueilleraient, sur les lieux mêmes, une partie de la laine de mérinos qu'ils emploient. Suivant M. de Lameth, il existait entre eux une grande émulation; plusieurs avaient acquis des domaines considérables et étaient disposés à y former des bergeries afin de croiser les races indigènes par des mérinos. Ils n'attendaient que des exemples et des instructions pratiques sur la manière de les élever et de les entretenir. Des landes étendues, dans les arrondissements de Cravald et de Clèves, offraient de nombreuses ressources pour de pareils établissements également profitables au gouvernement et à l'industrie nationale; car ce qui se produirait de laine de belle qualité dans le pays serait nécessairement en déduction de ce qu'il faudrait en faire venir d'ailleurs. Les fabricants n'auraient plus les mêmes raisons de porter des capitaux en Allemagne pour de grands approvisionnements.

Joignant à ces motifs les raisons politiques qu'avait la France de rendre des services à la Roër, comme elle le faisait à d'autres départements, je conçus et communiquai au ministre le projet d'y former une bergerie de mérinos; mais ce ne fut que quelque temps après qu'il put être exécuté.

A M. de Lameth succéda M. le baron de Ladoucette, administrateur plein d'activité, du désir de se rendre utile, et doué de ce genre d'esprit qui sait aplanir les difficultés : il eut bientôt saisi les avantages divers que devait donner une bergerie nationale placée dans le pays qu'il était appelé à diriger. Il me seconda de tout son pouvoir. Comme il n'y avait pas moyen de disposer de la ferme de Weisweiller parce que le bail n'était pas fini, il fallut établir la bergerie dans la basse-cour du château de Palaud, où l'on trouva heureusement tout ce qu'il fallait pour bien loger le régisseur, le troupeau et les animaux de l'exploitation.

Ce ne fut pas directement d'Espagne que j'y fis conduire le troupeau; il avait séjourné auparavant environ un an à la bergerie de Bennerath, près Trèves, parce qu'il était couvert de gale, et que je l'avais adressé à M. Schneider, régisseur d'Ober-Emmel et de Bennerath réunis, pour le bien traiter. En effet, il le rétablit complétement avant de le diriger sur Aix.

Ce troupeau était de l'importation de M. Poyferé de Cère. Il voyagea des environs de Paris à Trèves, dans les mois d'octobre et novembre; une grande partie des mères étaient prêtes à agneler; je le fis accompagner d'un cheval portant des paniers où l'on plaçait les agneaux à mesure qu'il en naissait. Deux ou trois jours suffisaient pour qu'ils pussent suivre leurs mères et faire place à d'autres. Le conducteur en remit vingt-huit bien portants à son arrivée à Bennerath.

Le régisseur désigné pour Palaud était M. Rappolt, Allemand, qui avait, comme celui de Trèves, étudié à l'école vétérinaire d'Alfort; je le choisis par le même motif.

Tout allait bien, déjà le pays commençait à s'apercevoir de l'existence de la bergerie et y prenait intérêt, lorsque les armées s'en emparèrent. Le troupeau ne tarda pas à être pris; M. Rappolt, qui s'efforçait de le défendre, fut massacré.

BERGERIE D'ARLES (Bouches–du–Rhône).

Le 21 thermidor an XII (8 août 1804), on créa cette bergerie à cinq quarts de lieue d'Arles, ville ancienne du département des Bouches–du–Rhône. J'ai rendu compte des motifs qui me firent choisir ce placement. La quantité considérable de bêtes qui y séjournent et y paissent en hiver offrait un grand nombre d'individus à l'amélioration. On distingue, aux environs d'Arles, deux contrées, l'une appelée *Camargue* et l'autre *la Crau*. La première est enclavée entre deux bras du Rhône, la seconde est en dehors du bras gauche de ce fleuve. Celle-ci présente un terrain entièrement pierreux, celle-là un sol en partie cultivable. Les propriétaires des troupeaux qui y passent l'hiver les font monter au printemps dans les montagnes; cette transhumance est la même que celle d'Espagne... Le lieu de la bergerie se nommait le mas *Augère* ou *Azière*, assez près d'un des bras du Rhône, et était situé dans la Camargue : il appartenait aux hospices d'Arles; on le loua pour le prix de 5,414 fr. Il consistait en soixante-neuf hectares de terres labourables, luzernières, prairies, pacages et vignes.

M. Jallifier, qui avait été employé au bureau de l'établissement de Rambouillet, désira être le régisseur de la bergerie d'Arles, je le fis nommer par le ministre.

Cette bergerie commença par dix béliers de Perpignan, quatre béliers et cent quatre-vingt-seize brebis de l'importation de six cents, faite pour le gouvernement par M. Delessert; ces animaux arrivèrent à leur destination, le 20 vendémiaire an xiv (octobre 1805); on leur adjoignit plus tard trente béliers de Perpignan.

Le bail avec les hospices étant fini, l'établissement fut transporté à peu de distance du mas Augère sur les propriétés de M. Jonquières, maire d'Arles, au mas de Larmilière et de Pravadel qu'il occupa simultanément, et où il a existé jusqu'à ce que M. de Castelbajac, directeur de l'agriculture, en eût ordonné et fait exécuter la destruction, en vendant à vil prix les animaux, sous prétexte qu'ils ne produisaient pas ce qu'ils coûtaient. Les possesseurs de troupeaux du pays, ceux même qui n'avaient pas intérêt à la chose, blâmèrent hautement et déplorent encore une mesure qui arrêta tout à coup l'amélioration commencée par les ventes annuelles de cette bergerie, dans une contrée où les moutons sont un des principaux revenus.

Pendant un certain nombre d'années, le troupeau fut dirigé et conduit comme la plupart de ceux de la France, n'ayant pour pacages que les terres qui dépendaient des fermes ou métairies sur lesquelles il se trouvait. Des gens à préjugés prétendirent que, puisqu'on ne le faisait pas voyager comme les transhumants du pays, il n'était pas d'une bonne nature : une pareille idée pouvait diminuer le nombre des acheteurs. Pour détromper les crédules, je proposai au ministre de louer dans les montagnes un pacage où ce troupeau pût passer, tous les ans, trois ou quatre mois d'été. Cette proposition ayant été approuvée, on fit choix, aux environs d'Embrun, dans les Hautes-Alpes, d'un local où les animaux allaient passer une partie de la saison et d'où ils revenaient en automne dans la Camargue. Ce moyen fit tomber l'objection et eut du succès. Les moutons de la bergerie, comme on le suppose sans peine, soutenaient la route aussi bien que ceux des particuliers.

L'établissement rendit des services dans le département des Bouches-du-Rhône et dans les départements voisins, en y introduisant les germes d'une belle race; il aurait fait des progrès plus rapides et mieux rempli sa destination, si le régisseur n'eût été atteint d'une maladie longue qui ne lui permit pas toute l'activité nécessaire. Il est fâcheux que le troupeau ait cessé si tôt d'exister.

Ce fut cette bergerie qui me fournit l'occasion de donner une preuve du soin qu'on devait mettre à écarter des troupeaux de race pure, des béliers de races communes; M. de Chabrol, très-bon administrateur, alors sous-secrétaire d'État au ministère de l'intérieur, m'informa, d'après une lettre de M. Jallifier, régisseur de la bergerie d'Arles, que, pendant un voyage que celui-ci avait fait dans les montagnes pour y louer des pâturages d'été, il s'était glissé dans le troupeau du gouvernement un bélier de mauvaise race. Il était facile de juger que cet événement pouvait nuire à la réputation du troupeau, si l'on ne trouvait un moyen de réparer le mal. Je me rendis, en conséquence, à Arles et aux cabanes qui tiennent lieu de bergerie : il n'était pas possible, à l'inspection des jeunes béliers et des jeunes brebis, de discerner ceux qui étaient métisés par le bélier furtivement entré : sans balancer, je fis châtrer sous mes yeux tous les agneaux mâles, et j'ordonnai que, quand ils seraient guéris, on les vendît, ainsi que toutes les agnelles. Je privai, à la vérité, l'établissement de toute une génération; mais la certitude que cette mesure donna de la pureté des bêtes qui le composaient me valut

l'approbation et les remercîments de M. de Chabrol. Ce fait, bien connu, produisit de l'effet et
inspira de la confiance aux acheteurs.

BERGERIE D'OBER-EMMEL, PRÈS TRÈVES.

La création de cette bergerie date du 29 fructi-
dor an XIII (6 septembre 1805); elle était située à
deux lieues de la ville de Trèves, dans le département de la Sarre, ainsi nommé, parce que cette rivière traverse une partie du pays avant de se joindre à la Moselle. Ober-Emmel et Bennerath, qui
avaient appartenu précédemment aux maisons re-
ligieuses supprimées de Saint-Mathias et Saint
Maximin, furent désignés pour la recevoir. M. Keppler, préfet, se prêta, avec satisfaction et em-
pressement, à cet établissement, dans l'espoir fondé
du bien qui en résulterait pour ses adminis-
trés. Mon choix, ayant été approuvé du ministre,
fut confirmé par un décret de l'empereur, du 16 fri-
maire an XIV (7 décembre 1805), signé au quartier
général d'Austerlitz et conçu en ces termes : « Na-
« poléon, empereur des Français, décrète ce qui
« suit : Les fermes d'Ober-Emmel et Bennerath,
« situées dans le département de la Sarre, sont
« mises à la disposition du ministre de l'intérieur,
« pour former des établissements de béliers et bre-
« bis de race mérinos d'Espagne, à la charge de
« faire acquitter sur les fonds de son département
« les indemnités qui pourraient être dues aux fer-

« miers des deux domaines. — Pour copie conforme,
Champagny. » — J'ai fait connaître plus haut les
avantages qui m'avaient fait adopter ces localités.

Les deux domaines contenaient vingt-quatre
hectares de prairies naturelles, cent quatre-vingt-
seize de terres sauvages et essarts, cinquante-quatre
de terres labourables, cinquante-huit de bois, douze
étangs et un moulin. Cela présentait les moyens
d'une belle exploitation.

Le troupeau qui y fut envoyé était formé de dix
béliers et quatre-vingt-dix brebis de Perpignan;
de deux béliers et quatre-vingt-huit brebis de
Pompadour.

Je choisis, pour régisseur de cette bergerie,
M. Schneider, élève instruit de l'école vétérinaire
d'Alfort, dans le temps où il y avait une chaire d'a-
griculture. Il était Allemand et savait bien le français, ce qui me parut d'autant plus utile, qu'il avait
des rapports fréquents avec des personnes des deux
nations. Aussi n'eus-je qu'à m'applaudir de l'avoir
fait mettre à la tête d'un établissement que je faisais marcher comme celui de Rambouillet, avec
plus de facilité et d'extension, et qui, s'il n'eût pas
été arrêté par les malheurs de la guerre, serait devenu un modèle de ferme expérimentale; but que
je m'étais, du reste, proposé dans la création de
toutes les autres bergeries. Je ne dois point oublier
de dire ici que l'établissement fut bien secondé par
les secours et les conseils de M. Nell, un des négociants les plus estimés du pays à cause de ses

connaissances, de sa moralité et de son amour pour les progrès de l'agriculture.

Les gérants d'Ober-Emmel et Bennerath avaient amené l'établissement à un grand état de prospérité; ils livraient beaucoup de mérinos au public par des ventes annuelles, cultivaient avec plus de soin et de succès les terres arables que ne le faisaient les gens du voisinage, défrichaient les terres sauvages et les essarts pour y mettre des prairies artificielles, enfin ne négligeaient rien et amélioraient tout.

Cette bergerie avait droit à des pacages qu'elle partageait avec les animaux du pays; mais, comme de cette communauté il pouvait résulter des inconvénients pour le troupeau du gouvernement qui s'y trouvait exposé à contracter des maladies, les habitants consentirent à ce que leurs moutons n'allassent pas dans les portions réservées pour celui de l'établissement, à la condition qu'on leur prêterait, chaque année, comme cela s'est ponctuellement exécuté, de bons béliers qui perfectionneraient leurs laines.

Les choses furent très-bien jusqu'au temps où les étrangers, dirigeant leurs troupes sur la France, occupèrent le territoire de Trèves. M. Schneider, troublé et tourmenté comme on l'est en pareil cas, et ne pouvant diriger à la fois tout le troupeau vers l'intérieur, en conduisit une partie jusqu'à Metz. Cette division ayant été ballottée et éparpillée pendant le siége de cette ville, les débris en furent recueillis, ainsi que je l'ai dit ailleurs, par M. Marchand. On sait qu'ils furent réunis plus tard aux troupeaux de Rorthey. Je n'ai pas su ce que sont devenus ceux des animaux que M. Schneider n'a pu retirer d'Ober-Emmel; il est probable que les Prussiens, maîtres du territoire, les ont vendus. On a prétendu que, si le troupeau entier fût resté dans ses bergeries, l'établissement aurait pu être conservé; mais on ne peut faire aucun reproche à M. Schneider, qui, étant salarié par la France, devait, comme il l'a fait, chercher les moyens de lui conserver le troupeau qu'elle lui avait confié.

BERGERIE DE L'OUEST (Loire-Inférieure).

Entre Oudon et Nantes, au-dessus et sur la rive droite de la Loire, est un château appelé Clermont, qui appartenait à M. Desjamonières. Obligé, d'après les intentions exprimées par une lettre que M. de Champagny, alors ministre, m'écrivait, de placer une bergerie impériale dans un des départements de l'Ouest, je m'arrêtai à ce château, après avoir parcouru en vain les départements de la Mayenne, de Maine-et-Loire, d'Ille-et-Vilaine et de la Vendée. Il fallut traiter avec le propriétaire d'une location qui fut fixée à 4,500 fr.

Le domaine se composait, outre les bâtiments, de cinquante-quatre journaux et demi de terres cultivables et de cent vingt journaux de prés et pâturages.

Originairement, le troupeau fut formé de vingt béliers de Perpignan et de cent cinquante brebis de Pompadour, auxquelles on ajouta cent sept autres de l'importation Blondel.

M. Lemasne, né à Nantes, ayant été colon à Saint-Domingue, et vivant, depuis son retour en France, dans une campagne peu distante de cette ville, occupé à soigner des propriétés de sa famille, me fut indiqué comme un homme probe, intelligent et très-capable de bien remplir les fonctions de régisseur; je ne balançai pas à le proposer au ministre, qui l'accepta.

Le château de Clermont était depuis longtemps abandonné et dans un très-mauvais état; on eut bien de la peine à y pratiquer un logement pour le régisseur et sa famille, et à disposer dans la basse-cour des locaux propres à recevoir tous les animaux, cependant on s'y arrangea.

Chaque année, on en tirait des béliers et brebis, qu'on vendait à l'enchère dans la ville de Nantes, à des propriétaires de troupeaux des départements environnants. Les cultures procuraient la nourriture aux hommes et aux animaux. On n'avait d'autre reproche à faire à cet établissement que celui de ne pouvoir se suffire à lui-même depuis que le prix des bêtes et des laines avait beaucoup baissé. Sans doute, il ne rapportait pas ce qu'il dépensait, mais il n'en était pas moins utile, et les faibles subventions qu'il exigeait étaient compensées par les améliorations dont il était la source. Cette considération n'eut pas le poids qu'elle devait avoir sur l'esprit de M. de Castelbajac.

Le bail obtenu de M. Desjamonières était fini; au lieu de le renouveler, il voulut faire valoir lui-même sa propriété, afin de profiter de la bonification opérée par la bergerie. Je chargeai M. Lemasne d'aller chercher un autre local, soit dans le même département, soit surtout dans la Vendée; mais il déclara qu'il n'avait rien trouvé qui fût convenable. Il avait acheté une propriété nommée la Ferrière, près Redon, petite ville sur une rive de la Vilaine, dans le département d'Ille-et-Vilaine. Ce régisseur proposa à l'administration de prendre, dans son domaine, le troupeau à titre de cheptel, de manière que les conditions lui étaient très-avantageuses; on voulut bien ne pas les refuser. M. de Castelbajac, arrivant à la direction, fit tout ce qu'il put pour rompre le marché; cependant, quoiqu'on ne pût en approuver les bases, comme il était signé depuis très-peu au nom du ministre, M. Lemasne conserva la bergerie en profitant de tout à la seule condition de rendre, à la fin du bail, quatre cents bêtes, dans l'état et aux âges de celles qu'il avait reçues. M. Syriès de Mayrinhac marqua encore plus de regret de cet arrangement; il vendit à M. Lemasne tout le troupeau à un faible prix, afin de n'en plus entendre parler.

On doit à M. Lemasne la justice de dire que soit

au château de Clermont, soit à la Ferrière, le troupeau fut toujours bien soigné, bien conduit et
rendu aussi utile qu'il pouvait l'être.

Cette manie de détruire des établissements utiles,
qui prit plus d'un administrateur, vint d'un défaut de
réflexion ou de jugement; ils ne disconvenaient pas
que le gouvernement avait eu raison d'employer des
fonds à l'achat et à la première multiplication des
mérinos, mais ils voulaient qu'il s'arrêtât et qu'il
laissât faire désormais aux particuliers, qui enten-
daient, disaient-ils, mieux leurs intérêts que les
agents du gouvernement. Ils croyaient que ces
animaux étaient d'ailleurs assez nombreux en
France, et qu'ainsi on pouvait économiser les dé-
penses des bergeries. J'ai toujours répondu qu'en
général le principe *laissez faire* était vrai et bon,
mais que son application au cas présent ne valait rien.
En effet, non-seulement les possesseurs de troupeaux de race pure peuvent les vendre, mais encore,
après leur mort, leurs héritiers s'en défont souvent;
les animaux, ainsi éparpillés, se mêlent avec des
races grossières, de manière que leurs descendants
perdent la qualité du lainage qui les distinguait et
les rendait précieux : s'il est donc si difficile et si long
d'atteindre le degré d'amélioration auquel nous
sommes parvenus, et si l'on ne peut reproduire les
moyens qui nous y ont conduits, du moins ne faut-
il pas hâter une dégénération qui ne marche que
trop vite. Au gouvernement appartient de faire
tout ce qu'il est possible pour la ralentir. La con-

servation de quelques bergeries nationales, où les amateurs de belle laine viendront retremper leurs troupeaux, avec certitude de n'acquérir que des bêtes pures, est le moyen d'amélioration que les ministres doivent le moins perdre de vue, s'ils ne veulent voir s'échapper le riche trésor que l'intelligence et le zèle ont donné au pays.

BERGERIES MARQUANTES APPARTENANT A DES PARTICULIERS.

On peut assimiler quelques bergeries de particuliers à celles du gouvernement, parce qu'elles ont été bien soignées et ont puissamment concouru à l'amélioration dans les premiers temps : je citerai celles de la Malmaison, de la Celle-Saint-Cloud, de Cowpray, etc., parce qu'elles me sont plus connues que les autres et parce que je ne voudrais pas trop étendre cet article.

BERGERIE DE LA MALMAISON.

On sait que la Malmaison appartenait à l'impératrice Joséphine, qui en avait fait une résidence délicieuse. Cette dame, bonne par excellence, et qui désirait, par-dessus tout, se rendre utile, pensa qu'en se formant un troupeau de mérinos et en répandant cette belle race elle rendrait un grand service au pays. Bonaparte, son mari, alors qu'il était 1er consul, lui en procura quelques-uns; plus tard, le prince de la Paix lui en donna aussi un certain nombre; enfin, cent six bêtes, cent brebis et six béliers, lui furent envoyées par le duc del Campo Alongo, et vinrent en France sous la direction de M. Poyferé de Cère, avec les animaux achetés pour les bergeries du gouvernement ; tout était de race parfaitement pure et pris dans les meilleures cavagnes d'Espagne. C'est auprès du parc de la Malmaison que ce beau troupeau fut placé. L'impératrice m'engagea plusieurs fois à aller visiter sa bergerie et à donner mes conseils pour la conservation et la direction des animaux qui la composaient, comme je le faisais pour ceux de Rambouillet.

Les individus n'y étaient pas aussi élevés de taille, parce qu'ils étaient plus récemment importés ; on en exposait, tous les ans, à une vente publique où beaucoup d'amateurs venaient en acheter. La proximité de Paris et la certitude de la pureté les y attiraient.

L'impératrice a détaché de sa bergerie de quoi en créer une à la Ferté-Beauharnais, dont le prince Eugène son fils était propriétaire. Après la mort de cette princesse, dont la France conservera long-temps le souvenir, le plus beau et le meilleur du troupeau fut conduit à Munich, en Bavière, chez le même prince Eugène. Ce qui en est resté a été mis en cheptel chez le fermier des domaines de Malmaison, et s'est successivement éteint en des marchés sans profit et sans gloire.

BERGERIE DE LA CELLE-SAINT-CLOUD.

M. de Morel-Vindé, de la section d'agriculture de l'Académie des sciences et pair de France, a toujours été passionné pour tout ce qui est utile. Personne ne sentit mieux que lui combien l'amélioration des troupeaux en France était intéressante pour nos fabriques et pour faciliter les progrès de notre économie rurale : voulant étudier la race des mérinos, il en forma un troupeau, qu'il plaça à côté de son château de la Celle-Saint-Cloud, à une lieue de Versailles. Là il se livra à toutes les observations dont son zèle et sa sagacité le rendaient capable. Il donna un exemple digne d'être imité, dans la tenue de son troupeau et dans son perfectionnement.

Il ne tira pas ses bêtes directement d'Espagne, mais de trois troupeaux où il était sûr de ne trouver que le sang espagnol le plus pur ; de l'établissement de Rambouillet, de celui de la Malmaison et du mien.

Ses bergeries, sans luxe, étaient bien construites en dehors comme en dedans pour la commodité de l'affouragement et pour la salubrité des animaux. Il faisait valoir une quantité suffisante de terres, dont les produits leur étaient destinés.

Ses animaux étaient de taille élevée et très-riches en laine d'une grande finesse. Aussi beaucoup de cultivateurs de divers pays se sont procuré des béliers dans la bergerie de la Celle : les environs de sa terre de Vindé dans la Brie en ont été particulièrement enrichis.

La bergerie de la Celle-Saint-Cloud a été, de la part de son propriétaire, le sujet d'observations très-intéressantes relatives à tout ce qui concerne l'élève, l'entretien et la *multiplication des mérinos; c'est pour cela que je la cite. M. de Morel Vindé a publié à ce sujet des observations qui sont précieuses.

TROUPEAU DE TUSTAL.

Ce troupeau mérite qu'on en fasse mention, parce qu'il a été formé d'animaux, puisés dans des importations du gouvernement, et dans une des premières faites en conséquence du traité de Bâle, dont il a été parlé plus haut, et qui fut permise à M. Dijou, grand propriétaire, livré à plus d'un genre de bienfaisance. Ces animaux portaient les marques des belles cavagnes d'Espagne dont ils étaient extraits, telles que celles de Negrette, de Paular, de l'Escurial, etc.

M. Gris de la Salle acquit ce troupeau dans les années 1811 et 1812. Personne n'était plus propre que lui à donner un exemple d'amélioration. Il l'établit dans son domaine de Tustal, situé dans la commune de Sadirac, entre mers, et près de Bordeaux, département de la Gironde. N'ayant pas assez de confiance dans les soins des bergers du pays, il logea ces animaux dans les bâtiments qui faisaient partie du château, et qu'il agrandit, à cet effet, autant qu'il était besoin : par ce moyen, il put aisément faire exercer la surveillance nécessaire et la diriger lui-même; il s'était instruit par la lecture des livres, où il avait puisé quelques lumières sur cet objet.

Le changement de climat et de nourriture n'eut aucune influence sur la santé des animaux ; ils ne furent, en effet, pas plus attaqués de maladies que ceux des races connues dans le pays, mais ils furent atteints du claveau, qu'ils avaient apporté d'Espagne, comme le pensa M. Gris de la Salle, ou pris en chemin, ainsi qu'il était arrivé à celui de Rambouillet.

Une notice, qui a été insérée dans le 32e volume *des Annales de l'agriculture française*, sur le troupeau de Tustal, en indiquant les causes de son succès, est intéressante sous ce rapport et sous celui de l'Agriculture, au perfectionnement de laquelle son propriétaire travaillait en même temps.

Suivant un rapport de M. Gris de la Salle, les toisons de ses brebis pesaient trois kilogrammes ; quelques-unes cinq à six, et même jusqu'à sept. La taille des brebis était de 23 à 24 pouces; celle des béliers, de 26 à 27 ; enfin le poids du corps des brebis, de 35 à 40 kilogrammes, ce qui prouve que ces animaux étaient abondamment nourris et bien soignés.

Les laines étaient très-fines et se sont toujours soutenues en cet état. Le propriétaire les vendit d'abord à M. Ternaux. Comme il ne les payait pas leur valeur, M. Gris de la Salle traita, par la suite, avec des fabricants de Louviers et d'Elbeuf, qui n'employaient que de belles laines ; puis avec des courtiers, puis enfin avec des marchands de Bordeaux, qui les achetaient sur le marché. Les prix varièrent selon les temps. En 1816 et 1817, elles furent vendues 5 fr. à 5 fr. 25 c. le kilogramme, sans défalcation des laines des têtes, ventres et jambes; plus tard, il ne put en avoir que 4 fr. et 3 fr.

Après la guerre d'Espagne, et pendant une partie de la restauration, ce genre d'industrie étant tombé, les détenteurs de laines fines ayant pu atteindre à peine le prix des communes, et un tel état de choses ayant occasionné du découragement dans le département de la Gironde, M. Gris de la Salle réduisit à 200 têtes son troupeau, qu'il avait porté à 500. C'est à ce nombre qu'il le tient maintenant.

Il vendait, dans les commencements, ses animaux 400 et 450 fr. le bélier, pour le bas Médoc, qui faisait beaucoup de croisements avec les femelles de sa race du pays; et les brebis atteignaient 80 et 90 fr., et servaient pour faire naître les béliers, dont on y avait besoin.

M. Gris de la Salle observe que les mérinos et leurs métis n'ont pas réussi dans ce pays conquis, sur les eaux de la mer et de la Garonne, par des dessèchements qui datent du règne de Henri IV :

on leur a substitué des béliers à longue laine d'Angleterre.

Outre les animaux qu'a fournis M. Gris de la Salle pour ces croisements, il en a procuré aux départements de la Dordogne, de Lot-et-Garonne, à celui des Landes, aux préfets qui se sont succédé dans la Gironde et à des conseils généraux pour donner des primes d'encouragement : les administrateurs les payaient 6o fr. par tête.

TROUPEAU DE COWPVRAI ET VILLE-PARISIS.

En octobre 1807, M. Dorvilliers, pair de France, reçut d'Espagne trois cents mérinos, extraits, pour la plupart, dès le mois de juillet précédent, de la cavagne Negrette, sous les auspices du duc d'Herodia ; parmi eux se trouvait un petit lot provenant des bergeries du prince de la Paix. Ces animaux, à leur arrivée, portaient la marque distinctive de leurs cavagnes, imprimée en feu sur le front, et avec de la poix sur le corps. Ainsi leur origine était bien constatée ; ils n'en pouvaient avoir une meilleure.

Beaucoup de ces bêtes avaient à la peau des plis dont on faisait autrefois beaucoup de cas, parce que les toisons étaient plus pesantes et donnaient plus de laine ; mais la préférence qu'on leur accordait a cessé dès qu'on eut reconnu qu'à l'endroit des plis les filaments étaient gros.

M. Dorvilliers a ajouté à son troupeau vingt béliers de Rambouillet, qui en ont relevé la taille : il l'a divisé et placé en deux propriétés ; la plus grande partie a été mise dans les terres de la dépendance du château de Cowpvrai, en Brie, département de Seine-et-Marne, et l'autre à Ville-Parisis, à quelques lieues de la capitale. Elles ont servi à fournir les moyens de métiser à des cultivateurs du Gatinais, de la Bourgogne, du Berri et de la Brie ; il en a aussi exporté une assez grande quantité.

Il a toujours maintenu son troupeau dans un état de pureté parfaite, sans y souffrir aucun animal d'autre race.

BERGERIE DE CÈRE, DANS LE DÉPARTEMENT DES LANDES.

Cette bergerie, due aux soins de M. de Poyferé, fut placée dans sa propriété de Cère, peu éloignée de Mont-de-Marsan. Il fit, avec le gouvernement, un bail avec facilité de résilier, sans indemnité, moyennant trois agneaux mâles et deux femelles mérinos chaque année.

Les bâtiments consistaient en trois logements de bêtes à laine, deux parcs spacieux, une petite maison, deux hectares de prairies naturelles, un hectare de prairie artificielle, le parcours dans un clos de dix arpents de vigne, et le pacage sur une immensité de landes dont le propriétaire avait et cédait à l'établissement le droit de défricher cinquante hectares, pour se procurer des terres la-

bourables. Ces conditions n'étaient point onéreuses.

Le troupeau était formé de diverses importations
du gouvernement et de bêtes de Perpignan.

M. de Poyferé proposa M. Durrasse comme régisseur de la bergerie, sous sa propre surveillance, ce qui fut agréé.

Cette bergerie prospérait, lorsque l'invasion de
l'armée anglo-espagnole vint, au commencement
de 1814, la désorganiser et lui porter un coup fu-
neste dont elle ne put se relever. Le régisseur,
forcé de faire conduire le troupeau en différents
lieux pour lui procurer une retraite sûre et favorable qu'il ne trouvait pas, ne put le conserver en bon
état : il périt une grande partie des animaux; ce
qui en restait fut donné en cheptel à M. Macmahon,
propriétaire dans le département du Gers. Tel fut
le sort de cet établissement, dont on n'a pu profiter longtemps à cause des circonstances.

Nota. Il a existé, sans doute, un grand nombre
d'autres bergeries particulières ne contenant que la
race pure; déjà, dans ce qui précède, j'ai fait mention
de plusieurs; j'en citerai ici sommairement quelques-unes, savoir :

1º Celle de M. le comte Chaptal, pair de
France, établie au château de Chanteloup, près
Amboise.

2º Celle de M. Terray, gendre de M. de Morel-
Vindé, établie en Brie.

3° Celle de M. le maréchal Moncey, duc de Conegliano, établie près Luzarches, puis dans le Dauphiné.

4° Celle de la préfecture d'Eure-et-Loir, établie près Chartres, en Beauce : on ne la permit qu'à condition qu'on n'achèterait des bêtes que dans les bergeries impériales de l'Ouest, de Perpignan et de Rambouillet.

5° Celle du comte Regnaud de Saint-Jean-d'Angely, établie au Val, près l'île Adam.

6° Celle de M. le duc de Benevent (de Talleyrand), établie à sa terre de Valencey en Berri.

7° Celle du général Beurnonville, établie à Balaincourt, près Pontoise.

8° Celle de madame Dauver, établie à Bretteville, près Dieppe, pays de Caux.

9° Celle de madame de Montlevaut, établie à Chatou, près Saint-Germain-en-Laye.

10° Celle de madame de Montebello, établie à Maisons, près Saint-Germain-en-Laye.

11° Celle de M. Delessert, établie à Villeneuve, près Paris.

12° Celle de M. Bourlier Dorgeval, établie à Athis, près Paris.

13° Celle de M. Girod (de l'Ain), établie à Naz, pays de Gex.

PROJET D'ÉTABLIR DES BERGERIES IMPÉRIALES EN HOLLANDE.

En 1810, M. de Montalivet, ministre de l'inté-rieur, d'après ce qui avait été fait en Belgique, cherchant à procurer des moyens d'amélioration de plus à des pays qui faisaient partie de la France, me donna la mission d'aller en Hollande, afin d'y examiner les bêtes à laine indigènes, et re-connaître les lieux où l'on pourrait établir des ber-geries impériales qui rempliraient le but.

M. Le Brun, prince-archichancelier, était alors gouverneur de ce royaume, et habitait le palais d'Amsterdam, avec la qualité de lieutenant gé-néral de l'empereur. Il m'accueillit et protégea ma mission en me donnant des lettres pour les préfets de Hollande. J'en parcourus différentes portions, et particulièrement la Gueldre, qui, par la nature de son sol, me parut la plus convenable pour y pla-cer des mérinos. On sent bien qu'ils auraient exigé plus de soin et qu'ils n'auraient pas réussi dans les endroits bas. Je me déterminai à indiquer les en-virons de Dinan, je fis choix d'un local et je pris les mesures pour former une bergerie en cas que le gouvernement persistât dans sa résolution; mais toutes mes recherches, à cet égard, et mes conseils n'aboutirent à rien, car j'appris, à mon retour à Paris, que l'empereur avait conçu une autre idée : ce fut celle d'établir, sur un très-grand nombre de points, des dépôts de béliers mérinos aux frais du gouvernement, afin d'en fournir, pour la monte des brebis indigènes, à tous les propriétaires qui en désireraient. A juger cette idée par le motif, elle était bonne, parce qu'elle tendait à améliorer en peu de temps les laines d'une grande partie des troupeaux ; je fis apercevoir trop tard, car les ordres étaient donnés pour l'exécution, qu'elle devrait entraîner des inconvénients.

RÉFLEXIONS SUR LES AVANTAGES QU'ONT PROCURÉS LES BERGERIES DU GOUVERNEMENT.

Il eût été à désirer que l'amélioration se fût faite tout entière par la multiplication des seuls mérinos. La race pure aurait fini par remplacer, sans altération, une grande partie des races indigènes et aurait présenté les mêmes avantages qu'en Espagne ; mais que de temps il eût fallu pour obtenir sur notre sol un nombre d'animaux suffisant pour produire les belles laines que désiraient les fabriques françaises! un siècle n'aurait pas suffi. Pour hâter notre jouissance, et parce qu'il faut des laines de plusieurs degrés de finesse, on a cru devoir encourager le métisage, par lequel on obtient de quoi faire des étoffes de diverses qualités propres à satisfaire à tous les besoins, à toutes les fortunes. En effet, en poussant loin les croisements, c'est-à-dire en employant toujours des béliers purs mérinos pour couvrir des brebis métisses, à quelques générations qu'elles soient, on parvient à acquérir l'extrême finesse et à l'entretenir quand on l'a acquise par ce moyen. Aussi voit-on par toute la France maintenant, dans la plupart des troupeaux qu'on rencontre, des individus dont les toisons diffèrent peu de celles des races mérinos communes ; et les propriétaires obtiennent de leurs laines un prix beaucoup plus élevé que s'ils n'avaient pas recours aux croisements. Mais de tels avantages ne furent pas les seuls qu'on retira de l'introduction des mérinos. Un second effet de cette grande opération fut non-seulement d'ajouter beaucoup à la multiplication des bêtes à laine, mais, par suite, de provoquer la formation de nouvelles prairies artificielles et le défrichement des terrains vagues devenus nécessaires pour leur créer de la nourriture. Ces bons résultats sont dus aux établissements de bergeries du gouvernement, il n'y a pas de doute ; on ne saurait les bien apprécier parce qu'ils sont incommensurables, qu'ils se compliquent de divers autres, et qu'on ne peut avoir des données positives et tranchées qui les fassent distinguer. Deux classes d'industrie y ont gagné, les fabriques de draperie et l'agriculture. Celle-ci, parmi nous, a fait beaucoup de progrès : à l'aide de l'introduction des mérinos, elle a obtenu des récoltes plus abondantes en céréales et autres denrées. Quant aux fabriques, elles ont trouvé plus facilement à leur portée, sinon en quantité suffisante, au moins en proportion notable, des laines considérées par elles comme supérieures à celles d'Espagne.

Je ne pourrais dire combien ces bergeries ont coûté au gouvernement que par un aperçu que je n'oserais garantir, mais qui offre cependant des probabilités. La dépense, en 1822, m'a-t-on assuré, Rambouillet excepté, se montait à 624,000 fr.; depuis 1799, époque de leur formation, elles avaient fourni à l'amélioration six mille six cent quatre-vingt-trois animaux parfaitement purs; il en restait encore deux mille, dont les productions servaient au même objet. Cette dépense paraîtra peu de chose, si on la compare à celle qui a été attribuée aux haras, qui n'ont pas produit autant de bien, et si l'on porte en compte les acquisitions de mérinos en Espagne, leurs conduite et direction jusqu'aux lieux où on les plaçait, les honoraires de l'inspecteur, les salaires et gages des économes, bergers et autres domestiques d'exploitation; car partout il a fallu cultiver, autant pour procurer de la nourriture aux hommes et aux animaux que pour donner l'exemple des bonnes cultures. J'avais même pensé à former de ces bergeries des fermes expérimentales; mais des obstacles, car on en trouve partout, ne permirent pas d'atteindre ce but complétement. Les régisseurs y firent de leur mieux, et s'écartèrent, autant qu'ils le jugèrent à propos, des routines nuisibles aux progrès de l'agriculture.

Il eût été à désirer que le gouvernement conservât ces diverses bergeries, jusqu'à ce qu'il fût parvenu à améliorer, à l'aide de sacrifices bien légers eu égard au bien qu'ils auraient produit, une partie suffisante des troupeaux français pour arriver au point de n'avoir plus besoin de recourir à l'étranger pour alimenter nos manufactures de lainage. A la rentrée en France de Louis XVIII, une ordonnance de ce prince décida que les bergeries seraient portées au nombre de douze; mais cette ordonnance ne fut pas exécutée; loin de là, elles ont été, la plupart, détruites.

L'élan donné par le gouvernement n'a pas été sans effet; beaucoup de particuliers l'ont imité, les uns de bonne heure, les autres plus tard; les uns en tirant des mérinos directement d'Espagne, les autres en achetant en France dans des troupeaux qui avaient été extraits d'Espagne. Les ventes étaient à un haut prix, ce qui était encourageant pour les vendeurs et les acheteurs; il en résultait qu'on les soignait mieux et qu'on en perdait moins, ces animaux ayant une grande valeur : l'amélioration y gagnait et marchait d'autant.

En se rappelant les endroits où furent placées les bergeries du gouvernement, on découvre facilement le but que se sont proposé ceux qui les ont établies, et quelles sont les parties du royaume où chacune a propagé les améliorations.

Celle de Rambouillet ayant été la première, et quelque temps la seule, a répandu des animaux à diverses distances et particulièrement dans les départements de la Seine, de Seine-et-Oise, de Seine-et-Marne, d'Eure-et-Loir, du Loiret, de la Seine-Inférieure, de la Somme et de l'Aube.

Celle de Pompadour, dans la Corrèze, la Dordogne, la Haute-Vienne, le Lot.

Celle de Perpignan, une des plus anciennes, après les précédentes, dans les Pyrénées-Orientales, l'Hérault, l'Ariége, la Haute-Garonne, l'Aude, le Tarn.

Celle de Saint-Georges-de-Reneins, dans l'Ain, Saône-et-Loire, le Rhône, le Jura, la Loire.

Celle du Puy-de-Dôme, dans la Lozère, le Cantal, la Haute-Loire, l'Allier, la Creuse.

Celle du château de Clermont près Nantes ou de l'Ouest, dans la Loire-Inférieure, les Deux-Sèvres, la Vendée, Maine-et-Loire, Ille-et-Vilaine, la Mayenne.

Celle d'Arles, dans les Bouches-du-Rhône, le Var, le Gard, Vaucluse, les Basses-Alpes.

Celle de Rorthey près Neufchâteau, dans les Vosges, la Meurthe, le Doubs, la Meuse, la Haute-Saône.

Celle de Trèves, dans la Sarre, la Moselle, le Mont-Tonnerre, Sambre-et-Meuse, Rhin-et-Moselle, les Forêts.

Celle d'Aix-la-Chapelle ou Palaud-Weisweiller, dans la Roer, l'Ourthe, la Dyle, les Deux-Nèthes, Sambre-et-Meuse.

Celle de Cère ou des Landes, dans les Landes, les Basses-Pyrénées, les Hautes-Pyrénées, le Gers.

FORMATION DES DÉPÔTS DE BÉLIERS.

Le nombre des mérinos, par les moyens que j'ai rapportés, s'était beaucoup multiplié en France. Les particuliers qui s'en étaient procuré avaient, pour la plupart, spéculé sur ce qu'ils retireraient, par la vente des béliers, de leurs productions, dédommagement du prix que leur avait coûté la souche. Mais voyant qu'ils ne pourraient pas les vendre tous, on sait qu'il en naît presque autant que de femelles, ils prirent le parti de faire des moutons de ce qu'ils avaient de trop et de les engraisser pour les boucheries. Bonaparte, apprenant cette circonstance, s'écria : « Comment! châtrer des « béliers mérinos, c'est un crime comme de châ- « trer des chevaux arabes. Je veux empêcher cela. « S'il faut dépenser 20,000,000 , je les dépense- « rai. » M. de Montalivet était alors ministre de l'intérieur; en cette qualité, il fut chargé de dresser un plan pour remplir les intentions de l'empereur. Ce plan consista à acheter des béliers dans les troupeaux purs mérinos, à les placer dans différents dépôts d'où, au temps de la monte, on devait les distribuer aux cultivateurs qui les y ramèneraient après les avoir employés. En communiquant ce plan, M. de Montalivet ajoutait qu'à mon retour de Hollande, où j'avais été envoyé, je l'aiderais de mes conseils. A peine instruit de ce projet, je ne pus m'empêcher de le désapprouver et de regretter que le ministre l'eût présenté et fait accepter. Peut-être le regardait-il comme utile, tandis qu'il était très-nuisible ; il fallut l'exécuter.

Pour y parvenir, il était nécessaire de créer une espèce d'agence, composée d'hommes zélés, instruits de ce qui concerne les bêtes à laine. M. de Montalivet indiqua à l'empereur quatre personnes dans le nombre desquelles il me mit, pour être inspecteurs généraux, un pour le Nord, un pour le Midi et deux pour le Centre ; l'empereur ne voulut donner qu'à moi ce titre et la fonction principale. M. de Montalivet nomma plusieurs sous-inspecteurs, avec lesquels je devais m'entendre ; ce furent MM. Poyferé de Cère, de Vitrolles, de Lullin de Châteauvieux, Imbert, L'Echeneur, Chesnau la Touche neveu de Gilbert, et Saint-Léger. Nous achetâmes des béliers dans les troupeaux reconnus par nous pour être purs. Des propriétaires qui en avaient de beaux se plaignirent de ce que nous n'allâmes pas puiser chez eux, prétendant qu'en les exceptant nous nuisions à la réputation de leurs établissements et, par cette raison, à leurs ventes ; mais nous n'avions pas la certitude, qui seule était notre guide. Les animaux étaient tous payés au même prix fixé par le ministre et placés chez des dépositaires, moyennant certaines conventions.

Des motifs puissants, selon moi, me firent blâmer cette mesure, dès l'instant que je fus informé qu'on voulait l'adopter. D'abord il était impossible de connaître tous les troupeaux où l'on devait prendre des béliers; et où on en prendrait on ne pourrait acheter tout ce qu'il y aurait de trop. Ce qui resterait ne se vendrait pas, puisque le gouvernement en fournirait gratuitement pour les montes; ou, si on trouvait à en vendre, ce ne serait qu'à vil prix. De là naîtrait un découragement qui produirait une diminution dans la propagation de la race et dans la métisation. Cette prévision ne s'est que trop vérifiée. Ce n'est pas tout : les béliers, dans plusieurs dépôts, pourraient être mal soignés, ou bien, sortis de là et introduits dans les troupeaux des particuliers ou des communes, y trouver des pâturages différents de ceux auxquels ils étaient accoutumés à leur retour aux dépôts, et y rapporter des maladies qu'ils communiqueraient à ceux qui seraient restés sains. En effet, la première année, on perdit beaucoup de ces béliers, qu'il fallut remplacer. M. Bequet, devenu directeur de l'agriculture, considérant tous ces inconvénients et voyant que la mesure coûtait beaucoup au gouvernement sans atteindre le but, supprima les dépôts, pour lesquels on avait dépensé plus de 200,000 fr. On ne peut pas cependant dire que personne n'en ait profité; car on voit un peu d'amélioration dans quelques-uns des pays qui ont eu des dépôts ou qui en ont été voisins.

FIN.

TABLE.

—

* 9 7 8 2 3 2 9 7 3 3 6 2 3 *